高等职业教育机电类专业"十三五"规划教材

数控机床维护技术

主　编　乐　为
副主编　朱德礼　陈震乾
主　审　徐　刚

西安电子科技大学出版社

内 容 简 介

本书共四个单元,内容涵盖数控机床日常维护基础、数控机床机械部分维护、数控机床数控系统维护、数控机床电气部分维护四大部分。书中提供了大量相关实践案例,以帮助学生对所学知识进行融会贯通,有效提高工程实践能力。本书采用课题教学法编写,全书共包含 18 个课题。每个课题最后还对知识进行了梳理并给出了配套的学后评量题目。书末附录给出了各学后评量题目的参考答案。

本书是国内第一本以此种方式编写的数控机床维护教材,期待这样的创新更加有利于教学。

本书可作为高职教材,也可作为中等职业学校数控等专业的教材,还可作为数控专业岗位培训的教材。为便于教学,本书配套有电子教案、助教课件、教学视频等丰富的教学资源,选择本书作为教材的教师可来电(13515143030)索取,或登录www.xduph.com网站,注册后免费下载。

图书在版编目(CIP)数据

数控机床维护技术 / 乐为主编. —西安:西安电子科技大学出版社,2018.10
ISBN 978-7-5606-4941-2

Ⅰ. ① 数… Ⅱ. ① 乐… Ⅲ. ① 数控机床—维修 Ⅳ. ① TG659

中国版本图书馆 CIP 数据核字(2018)第 126604 号

策划编辑 李惠萍 秦志峰
责任编辑 张 岚 秦志峰
出版发行 西安电子科技大学出版社(西安市太白南路 2 号)
电   话 (029)88242885 88201467   邮   编 710071
网   址 www.xduph.com   电子邮箱 xdupfxb001@163.com
经   销 新华书店
印刷单位 陕西天意印务有限责任公司
版   次 2018 年 10 月第 1 版   2018 年 10 月第 1 次印刷
开   本 787 毫米×1092 毫米 1/16 印张 13.25
字   数 313 千字
印   数 1~3000 册
定   价 32.00 元

ISBN 978-7-5606-4941-2/TG

XDUP 5243001-1

＊＊＊ 如有印装问题可调换 ＊＊＊

前　　言

　　"数控机床维护技术"是高等职业技术学校数控设备应用与维护专业的一门专业课程,本课程与后续数控机床装调维修技术等专业基础课程及技能训练类课程有着紧密的联系。通过本课程的学习,可帮助学生用所学知识去理解和分析后续专业基础课程及技能训练类课程的相关内容。

　　1. 本书的设计思路

　　(1) 本书根据新的人才培养方案的课程体系与学科结构顺序的要求,将数控机床的机械部分维护、控制系统维护和电气部分维护等内容进行了整合,形成了一本机电一体化平台课程的教材。

　　(2) 根据毕业生将从事的职业岗位(群)要求,即企业要求毕业生必须了解哪些知识、掌握什么技术、具备哪些能力,来确定本书的内容,以提升学生的综合职业能力。

　　(3) 注重呈现形式的生动活泼。本书案例丰富,图文并茂,可激发学生的学习兴趣和求知欲。与本书配套的数字化教学资源包括网络课程及助教、助学等多媒体教学资源。

　　(4) 注重学生本学科学习成绩的评价。本书采用过程性评价和结果性评价相结合的评价体系,注重学生平时知识的积累和关键能力的培养,同时也关注学生的基本素质、创新精神、创造能力、个性培养和发展等各个方面的情况,并结合平时作业、阶段测验、综合练习、技能实训及学习态度等给出对学生的综合评价。

　　2. 本书的特色

　　本书依据最新教学标准和课程大纲要求,在相应单元设置有丰富的操作实训内容,力求实现理论与实践的结合、知识与技能的结合,对接职业标准和岗位需求,采用"学练结合"的教学方法实施教学。本书采用理实一体化的编写模式,以就业为导向,以学生为主体,着眼于学生的职业生涯发展,注重职业素养的培养,有利于课程教学改革,突出"做中教,做中学"的职业教育特色。

　　本书在内容处理上主要有以下几点需要说明:

　　(1) 在单元前给出本单元的"学习目标",帮助学生在学习过程中抓住重点。

　　(2) 理论与实践紧密结合,将专业知识与实践有机地融合为一体,在相应的知识点上安排相应的故障分析。

　　(3) 为培养学生分析问题、解决问题的能力和动手实践的能力,本书编写了数控机床维护及维修等内容。通过综合实训,使学生进一步搞清数控机床的组成原理,知道数控机床的操作维护规程和数控机床的日常维护与保养知识,逐步学会对机床的简单故障进行分析。

　　(4) 为促进教学方法改革,本书在相关单元课题中给出课堂上的讨论练习题"想一想"、"做一做"、"练一练",促进教与学的互动性,以调动学生学习的积极性,启迪学生的科学思维。

(5) 在每一课题后安排了学后评量，使课堂所学的知识点得到进一步的巩固。

(6) 建议本书按 54 个学时进行教学，学时分配参见下表。

序号	单　元	参考学时
1	第一单元　数控机床日常维护基础	4
2	第二单元　数控机床机械部分的维护	28
3	第三单元　数控机床数控系统的维护	10
4	第四单元　数控机床电气部分的维护	12

本书主编为江苏省盐城机电高等职业技术学校乐为老师，副主编为江苏省射阳中等专业学校朱德礼老师和无锡技师学院陈震乾老师，参编的有江苏省淮安工业中等专业学校卢松、戴丽华老师，江苏省邗江中等专业学校崔林娟老师，江苏省射阳中等专业学校苗燕芳老师，江苏省金坛中等专业学校徐风山老师，盐城机电高等职业技术学校张艳玲老师。

全书由靖江中等专业技术学校徐刚教授审稿，他对书稿提出了许多宝贵的修改意见和建议，提高了书稿的质量，在此表示衷心的感谢！

本书作为高等职业教育机电类专业"十三五"规划教材之一，在推广使用中非常希望得到其教学适用性反馈意见，以便编者不断改进与完善。由于编者水平有限，书中疏漏之处在所难免，敬请读者批评指正。

编　者

2018 年 3 月

目　　录

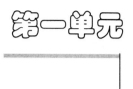

数控机床日常维护基础

【本单元主要内容】

1. 数控机床的概念。
2. 数控机床的工作原理和结构。
3. 数控机床的分类。
4. 数控机床的操作维护规程。
5. 数控机床日常维护保养内容和要求。
6. 数控机床通用的日常维护保养要点举例。
7. 数控机床的日常点检要点。

课题一　数控机床的工作原理与结构

【学习目标】

1. 掌握数控机床的概念。
2. 理解数控机床的工作原理。
3. 了解数控机床的结构。
4. 了解数控机床的分类。

【课题导入】

还记得"数控机床哪家强，中国山东找蓝翔"这句广告语吗？数控机床是一种机电一体化设备，在目前是一个大的发展方向，如果现在你还不懂数控机床的工作原理的话，你就 OUT 啦。数控机床是在普通车床基础上发展起来的，那么普通车床为什么会被数控机床取代呢？接下来我们就一起来探讨一下。

想一想

1. 你知道普通车床和数控机床在结构上有什么不同吗？
2. 你知道哪些国内外的数控机床品牌？

【知识链接】

数控技术和数控装备是国家工业现代化的重要基础。数控机床是当前世界机床技术进步的主流，是衡量机械制造工艺水平的重要指标，在柔性生产和计算机集成制造等先进制造技术中起着重要的基础核心作用。世界上各工业发达国家均正在采取重大措施来发展自己的数控技术及产业。

一、数控机床的概念

数控机床，全称为数字控制机床，英文名称为 computer numerical control machine tools，是一种装有程序控制系统的自动化机床，这种机床能够根据编码指令(刀具移动轨迹信息)规定的程序，完成相应的操作。具体地讲，数控机床就是把数字化了的刀具移动轨迹的信息输入到数控装置中，经过译码、运算，实现控制刀具与工件的相对运动，加工出所需要的零件的机床。

数控机床是集机床、计算机、电机及拖动、自动控制、检测等技术为一体的自动化设备，可按照要求自动将零件加工出来。数控机床较传统机床而言，具有柔性高、精度高、生产率高、稳定性高、可靠性高、自动化程度高、适应性强等多重优点，是现代机床控制技术的发展方向，是一种典型的机电一体化产品。

二、数控机床的工作原理

数控机床的工作原理是：首先按照零件加工的几何信息和工艺信息，编写零件的加工程序，并将加工程序由输入部分送入到数控装置；通过数控装置的处理、运算，控制数据按各坐标轴的分量送到各轴的驱动电路，经过转换、放大，驱动电动机带动各轴运动，并进行反馈控制，控制机床的主轴运动、进给运动、更换刀具，以及工件的夹紧与松开，冷却、润滑泵的开与关，使刀具、工件和其他辅助装置严格按照加工程序规定的顺序、轨迹和参数进行工作，从而加工出符合图纸要求的零件。

三、数控机床的结构

数控机床主要由控制介质、数控装置、伺服系统与位置检测装置、强电控制柜及机床本体五个部分组成，如图 1-1 所示。

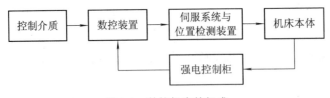

图 1-1　数控机床的组成

(一) 控制介质

控制介质是将各种加工信息，如零件加工的工艺过程、工艺参数(进给量、主轴速度等)和刀具与工件的相对运动轨迹等，用一定的格式和代码记载下来，并存储在某种载体上形成的。通过数控装置，将控制介质上记载的信息输入数控机床，即可对零件进行切削加工。

操作系统是整个数控系统的初始工作机构，一般由显示器和键盘组成。它将接收到的控制介质的原始数据转换为数控装置能处理的信息，输送给数控装置。

输入信息的方式分手动输入和自动输入。手动输入简单、方便但输入速度慢，容易出错。现代数控机床普遍采用自动输入，其输入形式有光电阅读机(已被淘汰)、磁带阅读机(已被淘汰)、软盘/U 盘/磁盘驱动器、无带自动输入方式及通信等。

另外在高档数控机床上，设置有自动编程系统和动态模拟显示器(CRT)。将这些设备通过计算机接口与机床的数控系统相连接，自动编程后所编制的加工程序即可直接在机床上调用，无需经过控制介质后再另行输入。

(二) 数控装置

数控装置的功能是接收加工程序送来的各种信息，经过数控装置的系统软件和逻辑电路进行译码、运算和逻辑处理，向伺服系统发出相应的脉冲，并通过伺服系统控制机床运动部件按加工程序指令运动，它是数控机床的核心。在执行过程中，其驱动、检测等机构同时将有关信息反馈给数控装置，经处理后，发出新的命令。

数控机床几乎所有的控制功能(进给坐标位置与速度，主轴、刀具、冷却及机床强电等多种辅助功能)都由数控装置实现。因此数控装置的发展方向在很大程度上代表了数控机床的发展方向。

1. 数控装置的组成

1) 数字控制的信息

数字控制的信息主要有几何信息、工艺信息、辅助信息。

几何信息是指根据被加工零件的图样所获得的几何轮廓的信息。这些信息由数控装置处理后，变为控制各进给轴的指令脉冲，最终形成刀具的移动轨迹。

工艺信息是通过工艺处理后所获得的各种信息，包括工艺准备、刀具选择、加工方案及补偿方案等各方面的信息。加工实际经验的积累，也是获得工艺信息的有效途径。

辅助信息泛指除几何、工艺信息之外的其他信息，其主要作用是控制机床的辅助动作，如主轴的启、停与调速、换向，冷却液的开、关，零件的夹紧与松开，以及找刀、换刀等。

2) 数控机床用计算机

数控的实质是计算机控制。电子计算机由软件和硬件两大部分组成。硬件即指设备本体，它包括构成计算机的中央处理器(CPU)、存储器、接口及相关元件等。软件是以程序为中心的信息组合。

电子计算机仅有硬件部分，只是具备了计算机或过程控制的可能性。要使计算机真正能进行计算或过程控制，还必须有软件的支持。计算机运行的程序通过程序设计确定，使计算机可完成指定的工作。

2. 数控装置的工作原理

数控装置根据输入的加工信息形成各进给坐标所需的进给脉冲。其工作的基本原理是插补原理。

1) 插补原理

插补原理就是根据插补计算的结果,对各进给坐标所需进给脉冲个数、频率及方向进行分配,以实现进给轨迹的控制。插补原理是数控技术中的基本原理之一,它广泛应用在除点位控制机床以外的各种机床数控装置中。

插补是将两个或两个以上的进给轴的直线运动进行合成,以实现所需轮廓的运动轨迹。在数控技术中这种合成的复杂运动称为插补运动。数控装置为了完成机床所需插补运动而进行的一系列运算称为插补运算;在插补运动过程中,每一个单位脉冲(即每一步)所到达的终点,称为插补点。

脉冲当量是数控机床的一个基本参数。数控系统每发出一个进给脉冲,机床机械运动机构就产生一个相应的位移量,一个脉冲所对应的位移量称为脉冲当量。

插补的类型由其给定信息的类型决定。给定信息为一次函数时计算机进行的插补类型为直线插补;给定信息为二次函数时根据二次曲线的不同类型又有圆弧、抛物线、椭圆、渐开线及螺旋线等插补类型。它们都可以通过计算机软件实现。数控系统的脉冲当量越小,插补运动的实际轨迹就越接近理想轨迹,加工精度就越高。

2) 逐点比较法

应用插补原理的方法有很多种,如逐点比较法、数字积分法及单步追踪法等。在对平面曲线进行插补的各种方法中,最常用的是逐点比较法。采用这种方法进行插补的优点是运算直观,插补误差小于一个脉冲当量,输入脉冲的速度变化小,调节方便。逐点比较法是一种边判别边逼近的方法,又称为逼近法或区域判别法。在逐点比较法的应用中,插补点在主运动的坐标轴方向每进一步都必须经过偏差判别、刀具进给、偏差计算并判别、终点判别四个工作节拍。

试一试

去实训车间,在数控车床的操作键盘上输入一段指令,看看数控机床是如何执行指令的。

(三) 伺服系统

伺服系统由伺服电机和伺服驱动装置组成,通常所说的数控系统是指数控装置与伺服系统的集成,也可以说伺服系统是数控系统中的执行系统。数控装置发出的速度和位移指令控制执行部件按进给速度和进给方向进行位移。每个进给运动的执行部件都配备有一套伺服系统,有的伺服系统还有位置测量装置,可以直接或间接测量执行部件的实际位移量,并反馈给数控装置,对加工的误差进行补偿。

1. 伺服系统的作用及分类

1) 伺服系统的作用

伺服系统位于数控装置与机床主体之间,它的作用是将从数控装置输出线路接收到的微弱电信号,经功率放大等电路放大为较强的电信号,然后将接收到的上述数字量信息转换成模拟量信息，从而驱动执行电机带动机床运动部件按约定的速度和位移进行运动。

2) 数控机床伺服系统的分类

数控机床伺服系统按其用途和功能分为进给驱动系统和主轴驱动系统；按其控制原理和有无位置检测反馈环节分为开环系统和闭环系统；按驱动执行元件的动作原理分为电液伺服驱动系统和电气伺服驱动系统。电气伺服驱动系统又分为直流伺服驱动系统和交流伺服驱动系统。

2．数控进给系统的伺服驱动装置

数控机床的伺服系统一般由驱动装置与机械传动执行部件等组成，对于半闭环、闭环控制系统还包括位置检测环节。而驱动装置是由驱动元件电动机和电动机驱动控制单元两部分组成的，通常它们由同一生产厂家配套提供给机床制造厂。进给伺服驱动装置用于数控机床各坐标轴的进给运动。进给驱动用的伺服电动机主要有步进电动机和交流、直流调速电动机。电动机作为驱动元件是伺服系统的关键之一。

3．数控进给传动结构

进给传动结构是进给伺服系统的主要组成部分，它将伺服电动机的旋转运动转化为执行部件的直线移动或回转运动，以保证刀具与工件的相对位置关系。目前，在数控机床进给驱动系统中常用的机械传动装置主要有滚珠丝杠螺母副、静压蜗杆－蜗母条、预加载荷双齿轮－齿条及双导程蜗杆等。

1) 滚珠丝杠螺母副传动

为了提高数控机床进给系统的快速响应性能和运动精度，必须减少运动件的摩擦阻力和动静摩擦力之差。为此，在中小型数控机床中，滚珠丝杠螺母副是最普遍的结构。

滚珠丝杠螺母副是回转运动与直线运动相互转换的新型传动装置，是在丝杠和螺母之间以滚珠为滚动体的螺旋传动元件。

2) 静压蜗杆－蜗母条传动

静压蜗杆－蜗母条机构是丝杠螺母机构的一种特殊形式，蜗杆可看做长度很短的丝杠，蜗母条则可看做是一个很长的螺母沿轴向剖开后的一部分。

3) 双齿轮－齿条传动

双齿轮－齿条是行程较长的大型数控机床上常用的进给传动形式，适用于传动刚性要求高、传动精度要求不太高的场合。

4) 双导程蜗杆传动。

为了扩大工艺范围，提高生产效率，数控机床除了直线进给运动之外，还有圆周进给运动。圆周进给运动可由回转工作台来实现，其进给传动一般采用双导程蜗杆传动。

(四) 数控机床常用位置检测装置

1．检测反馈装置的作用

检测反馈装置的作用是将其准确测得的直线位移或角位移迅速反馈给数控装置，以便与加工程序给定的指令值进行比较，如有误差，数控装置将向伺服系统发出新的修正指令，从而控制驱动系统正确运转，使工作台(或刀具)按规定的轨迹和坐标移动。

2．常用位置检测装置

数控机床上常用的位置检测装置主要有脉冲编码器、感应同步器、旋转变压器、光栅等。

1）脉冲编码器

脉冲编码器也称脉冲发生器，是一种角位移检测装置，它通过把机械转角变成电脉冲输出信号来进行检测。就其工作原理来看，有光电式、接触式和电磁感应式三种。光电式编码器以其高精度和高可靠性在数控机床上得到了普遍的使用。按编码的方式不同，脉冲编码器又可分为增量式光电脉冲编码器和绝对式光电脉冲编码器。通常说的脉冲编码器是指增量式光电脉冲编码器。

2）光栅

光栅有长光栅和圆光栅两种，前述的增量式光电脉冲编码器实际上就属于一种圆光栅。通常的光栅尺是指长光栅。光栅尺是一种直线精密检测元件，在数控机床上，用于直接测量工作台的移动。光栅尺由标尺光栅和指示光栅组成。标尺光栅安装在机床移动部件上，其有效长度即为工作台移动的全行程，也称长光栅。而指示光栅安装在机床固定部件上，相当于一个读数头，也称短光栅。两光栅均为长度不同的条形光学玻璃，其上刻有一系列均匀密集的刻纹。两块光栅的刻纹密度相同，其密度是由所测精度决定的。

（五）强电控制柜

强电控制柜是用来安装数控机床强电控制的各种电气元件的装置，其中安装有各种中间继电器、接触器、变压器、电源开关、接线端子和各类电气保护元器件，这些部件主要在 PLC 的输出接口与数控机床各类辅助装置的电器元件之间起桥梁作用，即控制机床辅助装置的各类交流电动机、液压系统电磁阀或电磁离合器等；其次是对弱电控制系统的输入电源及各种短路、过载、欠压等情况起保护作用。另外强电控制柜也与机床操作控制面板有关的手动按钮连接。数控机床强电控制柜与普通机床强电控制柜类似，但为了提高对弱电控制系统的抗干扰性，要求各类频繁切换或者启动的电动机、接触器等电磁感应器件中都必须并接 RC 阻容吸收器，对各种检测信号的输入均要求用屏蔽电缆连接。

（六）机床本体

数控机床的本体结构简单、刚性好，普遍采用变频调速和伺服控制。其具体结构与性能特点如下：

（1）主传动系统采用高性能主传动及主轴部件，具有刚度高、抗震性好、传递功率大及热变传动精度高等特点。

（2）主传动的变速方式，即主轴正反转、启停与制动均是靠直接制动电机来实现的，这种电动机将主电动机直接与主轴连接，带动主轴转动，大大简化了主轴箱体结构，有效提高了主轴刚度，扩大了恒功率调速范围。但主电动机的发热对主轴精度的影响较大。

（3）进给传动采用滚珠丝杠副、直线滚动副等高效传动件，一般具有传动链短、结构简单、传动精度高等特点。

（4）具有完善的刀具自动交换和管理系统，可以自动选择不同的刀具进行工件各面的加工。

(5) 具有工件自动交换、工件夹紧与放松机构。如在加工中心类机床上采用工作台自动交换机构。

(6) 数控机床机架具有很高的动静刚度。

(7) 数控机床安全性好,一般是采用移动门的全封闭罩壳,对加工部件进行全封闭。

随着现代主轴伺服电动机的发展,出现了能实现宽范围无级调速的宽域主电动机,使主轴的输出特性得到了很大的改善,扩大了恒功率的调速范围,并提高了输出转矩。在避免齿轮传动不足的情况下,又能保持齿轮传动带来的优点,使数控机床在机械结构上朝着优化的方向前进了一大步。

试一试

去实训车间,用普通车床和数控车床加工同样的一批零件,看看哪种车床省时省力精度高。

四、数控机床的分类

数控(NC)机床的种类很多,根据数控机床的功能和结构,一般有下列几种分类方法:

1. 按数控系统的功能水平分类

按数控系统的功能水平进行分类,可分为如下三类:

(1) 经济型数控系统:如经济型数控线切割机床、数控钻床、数控车床、数控铣床及数控磨床等。

(2) 普及型数控系统:又称全功能数控机床,如 CK71 系列。

(3) 高档型数控系统:具有五轴以上的数控铣床、大、中型数控机床、五面加工中心、车削中心和柔性加工单元。

2. 按机床运动的控制轨迹分类

按机床运动的控制轨迹进行分类,可分为如下三类:

(1) 点位控制的数控机床。

(2) 直线控制的数控机床。

(3) 轮廓控制的数控机床。

3. 按伺服控制方式分类

按伺服控制方式进行分类,可分为如下三类:

(1) 开环控制数控机床。

(2) 全闭环控制数控机床。

(3) 半闭环控制数控机床。

4. 按控制坐标的轴数分类

按控制坐标的轴数进行分类,可分为二轴联动、二轴半联动、三轴联动、四轴联动、五轴联动、七轴联动。

5．按加工工艺及机床用途的类型分类

按加工工艺及机床用途的类型进行分类，可分为如下四类：

(1) 金属切削类数控机床：采用车、铣、镗、铰、钻、磨、刨等切削工艺的数控机床。

(2) 金属成型类数控机床：采用挤、冲、压、拉等成形工艺的数控机床。

(3) 特种加工类数控机床：有数控电火花切割机、数控电火花成形机、数控火焰切割机、数控激光加工机等。

(4) 其他类数控机床：主要有自动装配机、三坐标测量机、数控绘图机和工业机器人等。

【知识梳理】

数控机床的概念、数控机床的工作原理

数控机床的结构
- 控制介质
- 数控装置
- 伺服系统
- 常用位置检测装置
- 强电控制柜
- 机床本体

数控机床的分类
- 按数控系统的功能水平分类
- 按机床运动的控制轨迹分类
- 按伺服控制方式分类
- 按控制坐标的轴数分类
- 按加工工艺及机床用途的类型分类

【学后评量】

1．数控机床的定义是什么？

2．数控机床的工作原理是什么？

3．数控机床由哪几部分组成？

4．常用位置检测装置有哪些？

5．数控机床常分为哪几类？

6．数控机床本体的结构特点是什么？

课题二　数控机床的操作与保养维护的内容

【学习目标】

1．掌握数控机床操作的一般要求。

2．掌握数控机床开机前、操作过程中、结束后的检查和注意点。

3．理解数控机床检修时应注意的事项。

4．掌握数控机床日常维护保养的内容和要求。

5. 掌握数控机床通用的日常维护保养的要点。

6. 掌握数控机床的日常检测要点。

【课题导入】

在企业生产中，数控机床能否达到加工精度高、产品质量稳定、生产效率高的目标，这些目标是不是仅仅取决于机床本身的精度和性能呢？

想一想

产品质量与操作者在生产中能否正确地对数控机床进行维护保养和使用有没有关系呢？

【知识链接】

数控机床加工的零件质量在很大程度上取决于机床自身的性能，但机床操作与维护方面的各种问题也可能导致加工零件的质量不合格。一般检测都是在零件加工完毕后进行的，但等发现问题，想对由零件加工质量造成的废品进行修复时却已为时过晚，而且会导致长时间的停机，使得材料成本大大增加。由此可以看出，数控机床能否达到加工精度高、生产效率高的目标，不仅取决于机床本身的精度和性能，很大程度上也与操作者在生产过程中能否正确地对数控机床进行检测、维护密切相关。

坚持做好对机床的日常维护保养工作，可以延长元器件的使用寿命，延长机械部件的磨损周期，防止意外恶性事故的发生，保证机床长时间稳定工作；能充分发挥数控机床的加工优势，达到数控机床的技术性能。因此，对数控机床的操作者或数控机床的维修人员来说，数控机床的维护与保养非常重要，我们必须高度重视。

一、数控机床的操作维护规程

（一）一般要求

(1) 操作人员必须通过安全和专业技术培训，合格后才能操作机床。

(2) 操作者必须遵守数控机床安全操作规程。

(3) 不同的设备选择不同的操作、维护和保养方法。

(4) 根据不同的机床，选择不同牌号的润滑油。

(5) 机床附近要留有足够的空间，并保持地面清洁。

(6) 操作者必须仔细阅读使用说明书及其他资料，确保操作、生产过程中的正确性。

(7) 操作者应熟记急停钮的位置，以便随时迅速地按下该按钮。

(8) 不要随便改变机床参数或其他已设定好的电气数据。

(9) 机床应该可靠接地，可靠接地能有效防止电击危险。

(10) 机床上的保险和安全防护装置不得随便更改和拆除。

（二）开机前检查

(1) 开机前首先必须完成上班前的各项准备工作。

(2) 电源电压应符合机床规定的要求。电源电压变动范围为 380(±10%)V。

(3) 确保润滑油、液压油和冷却液在规定油位线上，不足时要及时补充。

(4) 压缩空气气源的压力不得小于 0.7 MPa，气源处理装置工作压力应为 0.6 MPa。

(5) 确保机床各部位无杂物，主轴锥孔清洁，检查管线等，确保无松动、脱落现象，否则应及时排除。待清理完毕以及全面检查机床各部位待命状态并确信安全后方可通电。

(6) 开机通电过程必须按机床说明书规定顺序进行操作。

(7) 检查各滑动部件的润滑情况。

(8) 检查防护罩和安全装置是否处于良好的状态。

(9) 检查皮带的松紧度，若皮带太松应换上新的相匹配的皮带。

(10) 检查各轴驱动装置上的指标灯状态是否正确；确保电器柜门及系统箱后盖已关闭。

(11) 检查显示器上是否有各种类型的报警指示。

(12) 由于机床各部位的温度差异会导致加工零件的精度不稳定，每天工作前要预热机床，预热时间从 5 分钟至 20 分钟不等，主轴转速从低至高取 4～5 种转速，各轴全程移动，在预热过程中注意检查各部位有无异常。

（三）操作过程中的注意事项

(1) 使用刀具的尺寸、类型应满足加工要求并符合机床规格。避免使用受损刀具，以防止意外事故的发生。

(2) 工件、工装、夹具及刀具的安装应牢固、可靠。刀具安装后应进行试运转。

(3) 主轴旋转时严禁触碰工件或刀具，加工过程中需要清理铁屑时，应先使加工停止，然后用刷子或专用工具进行清理，严禁在加工过程中用手清理铁屑。

(4) 安全防护设备拆卸后不要开动机床。

(5) 加工停止后，才可以对刀具进行装卸。

(6) 加工过程中，严禁触摸或接近机床运动部件。

(7) 湿手严禁触摸任何开关和按钮。

(8) 使用面板上的开关或按钮前，应确定操作意图及按钮位置，不要戴手套操作按钮或开关，防止误操作。

(9) 为了避免工作台面、丝杠及导轨的局部过度磨损，建议尽可能经常变换工作台上工件的装夹位置，以便磨损均匀。

(10) 经常查看油标或油线的油液位置，当油量不足时应及时补充。

(11) 应防止冷却液、润滑油流到地面，以免造成污染和意外事故。

(12) 应避开旋转、运动的机件，尤其是在高速运动时。

(13) 绝对不要在工件与刀具接触的情况下启动机器，只有在机器达到稳定速度后，才能进行加工。

(14) 装上刀具后要试运行，检验程序是否正确。

(15) 禁止两人或多人同时操作控制盘。

(16) 在调整冷却喷嘴的流量或照明灯座的方向时，必须停机。

(17) 机床在正常工作过程中，不能打开防护门。

(18) 机床在运转中时，操作者不得离开岗位，机床发现异常情况应立即停车。

(19) 冷静对待机床故障，不要盲目处理。

(四) 工作结束后的整理

(1) 工作结束后必须将主轴上的刀具还回刀库，并将主轴锥孔和各刀柄擦净，防止有存留的切屑等影响刀具与主轴的配合质量及刀具旋转精度。

(2) 工作结束后应及时清理残留切屑并擦拭机床，金属切除量大时要随时利用工作间隙清理切屑。

(3) 每天下班前 15 分钟要做好机床周围地面的卫生清洁工作，清理工作台面、导轨、防护罩；发现润滑油和冷却液不足时，应及时添加或更换。

(4) 将工作台、主轴停在合适的位置。

(5) 对机床附件、量具、刀具进行清理，按规定存放，工件按定置管理要求摆放。

(6) 关机时按顺序关断控制器上的电源开关、机床主电路开关、车间电源开关。

(五) 维护和保养

(1) 检查液压系统，确保油箱、液压泵无异常噪音，压力表指示正常，管路及各接头无泄漏，工作油面高度正常。

(2) 润滑油和冷却液不足时，及时添加或更换。

(3) 检查主轴润滑恒温油箱，工作是否正常，油量是否充足，温度范围是否合适。

(4) 检查导轨润滑系统的油量，及时添加润滑油，使润滑泵可以定时启动或停止。

(5) 检查冷却油箱、水箱，随时观察液面高度，及时添加油(或水)，太脏时要更换，定期清理油箱(水箱)和过滤器。

(6) 检查气压系统的压力是否在正常范围，检查气源自动分水滤水器和自动空气干燥器，及时清理分水器中滤出的水分，自动保持空气干燥器正常工作。

(7) 不管是普通电机还是伺服电机，都要定期检查和保养电机系统，检查温度和噪音。

(8) 定期检查电气箱外表面，保持清洁、干燥，保持各电柜冷却风扇工作正常，风道过滤网无堵塞。

(六) 检修时应注意的事项

(1) 机床出现故障并需要拆卸后进行维修保养时，应填写设备维修申请单，征得领导的批准后才能进行拆卸维修。

(2) 机床维修必须由专业人员进行。

(3) 电器控制柜不得随便打开，检修时应关掉总电源，但断开电源后，电控柜内还残留很高的电压，要等待 5～10 分钟后再进行检修，并悬挂"正在检查，禁止送电"的警告标志。

(4) 电器控制柜的控制线路和控制开关不得随意更改。

(5) 检修中使用的仪器必须经过校准。

(6) 检修中拆下的零件(元件)应在原地以相同的新零件(元件)进行更换，并尽可能使用原有规格的螺钉进行固定。

(7) 机床通过检修后必须按常规方法进行验证，验证合格后才能交付使用。

二、数控机床的日常维护与保养知识

为了充分发挥数控车床的作用，减少故障的发生，延长机床的平均无故障时间，数控机床的编程、操作和维修人员必须经过专门的技术培训，要有机械加工工艺、液压、测量、自动控制等方面的知识，这样才能全面了解和掌握数控机床，才能做好数控机床的维护和保养工作。

(一) 数控机床日常维护保养内容和要求

数控机床操作人员要严格遵守操作规程和机床日常维护和保养制度，严格按机床和系统说明书的要求，正确、合理地操作机床，尽量避免因操作不当影响机床使用。日常维护保养内容和要求见表1-1。

表 1-1　数控机床日常保养一览表

序号	检查周期	检查部位	检查要求
1	每天	导轨润滑	检查润滑油的油面、油量，及时添加润滑油，检查润滑油泵能否定时启动、泵油及停止，导轨各润滑点在泵油时是否有润滑油流出
2	每天	X、Y、Z 及回转轴的导轨	清除导轨面上的切屑、脏物、冷却水迹，检查导轨润滑油是否充分，导轨面上有无划伤损坏及锈斑，导轨防尘刮板上有无夹带铁屑。如果是安装滚动滑块的导轨，当导轨上出现划伤时应检查滚动滑块
3	每天	压缩空气气源	检查气源供气压力是否正常，含水量是否过大
4	每天	机床进气口的分水排水器和自动空气干燥等	及时清理分水排水器中滤出的水分，加入足够的润滑油，检查空气干燥器是否能自动切换工作，干燥剂是否饱和
5	每天	气液转换器和增压器	检查存油面的高度并及时补油
6	每天	主轴箱润滑恒温油箱	检查恒温油箱是否正常工作，由主轴箱上的油标确定是否有润滑油，调节油箱制冷温度使其能正常启动，制冷温度不要低于室温太多(相差2～5℃)，否则主轴容易"出汗"(空气水分凝聚)
7	每天	机床液压系统	油箱、液压泵无异常噪声，压力计指示正常工作压力，油箱工作油面在允许范围内，回油路上背压不得过高，各管路接头无泄漏和明显振动

续表

序号	检查周期	检查部位	检查要求
8	每天	主轴箱液压平衡系统	平衡油路无泄漏，平衡压力计指示正常，主轴箱在上下快速移动时压力计波动不大，油路补油机构动作正常
9	每天	数控系统的输入/输出	光电阅读机的清洁，机械结构润滑良好，外接快速穿孔机及程序盒连接正常
10	每天	各种电气装置及散热通风装置	数控柜、机床电气柜进排风扇工作正常，风道过滤网无堵塞，主轴电动机、伺服电动机、冷却风道正常，恒温油箱、液压箱的冷却散热片通风正常
11	每天	各种防护装置	导轨、机床防护罩动作灵活且无漏水现象，刀库防护栏、机床工作区防护栏检查门开关动作正常，机床四周各防护装置上的操作按钮、开关、急停按钮正常工作
12	每周		清洗各电柜进气过滤网
13	半年	滚珠丝杠螺母副	清洗丝杠上旧的润滑脂，涂上新润滑脂，清洗螺母两端的防尘圈
14	半年	液压油路	清洗溢流阀、减压阀、过滤器、油箱池底，更换或过滤液压油，注意在向油箱中加入新油时必须进行过滤和去水分
15	半年	主轴润滑恒温油箱	清洗过滤器，更换润滑油，检查主轴箱各润滑点是否正常供油
16	每年	对于使用直流电动机的数控机床，检查并更换直流伺服电动机电刷	从电刷窝内取出电刷，用酒精棉清除电刷窝内和换向器上的碳粉，当发现换向器表面被电弧烧伤时，抛光表面、去毛刺，检查电刷表面和弹簧有无失去弹性，更换长度过短的电刷，启动后才能正常使用
17	每年	润滑油泵、过滤器等	清理润滑油箱池底，清洗、更换过滤器
18	不定期	各轴导轨上的镶条，压紧滚轮、丝杠、主轴传动带	按机床说明书上的规定调整间隙或进行预紧
19	不定期	散热器	检查散热器液面高度，切削液各级过滤装置是否工作正常，切削液是否变质，经常清洗过滤器，疏通防护罩和床身上各回水通道，必要时更换并清理散热器底部
20	不定期	排屑器	检查有无卡位等现象
21	不定期	清理废油池	及时取走废油池中的废油以免外溢，当发现油池中油量突然增多时，应检查液压管路中是否有漏油点

（二）数控机床通用日常维护保养要点举例

数控机床的使用寿命和效率的高低，很大程度上取决于它的正确使用和维修。正确的使用能防止设备非正常磨损，避免突发故障；精心的维护可使设备保持良好的技术状态，延迟老化进程，也便于及时发现和消灭故障，防止恶性事故的发生，从而保障设备安全运行。也就是说，机床的正确操作与精心维护，是贯彻设备管理以预防为主思想的重要环节。

各类数控机床因其功能、结构及系统的不同，各具不同的特性。其维护保养的内容和规则也各有特色，具体应根据其机床种类、型号及实际使用情况，并参照该机床说明书的要求，制定和建立必要的定期、定级保养制度。

下面列举一些常见、通用的日常维护保养要点。

1．使机床保持良好的润滑状态

定期检查清洗自动润滑系统，添加或更换油脂、油液，使丝杠、导轨等各运动部位始终保持良好的润滑状态，降低机械磨损速度。

2．定期检查液压、气压系统

对液压系统定期进行油质化检，检查和更换液压油，并定期对各润滑、液压、气压系统的过滤器或过滤网进行清洗或更换，对气压系统还要注意经常放水。

3．定期检查电动机系统

对直流电动机定期进行电刷和换向器的检查、清洗和更换，若换向器表面脏，应用白布沾酒精予以清洗；若表面粗糙，应用细金相砂纸予以修整；若电刷长度为 10 mm 以下，应予以更换。

4．适时对各坐标系轴进行超限位试验

限位开关锈蚀可能会导致工作台发生碰撞，严重时会损坏滚珠丝杠，影响其机械精度。故应适时进行超限位试验。试验时只需按一下限位开关确认是否出现超程报警，或检查相应的 I/O 接口信号是否变化。

5．定期检查电器元件

检查各插头、插座、电缆、各继电器的触点是否接触良好，检查各印刷线路板是否干净。检查主变电器、各电机的绝缘电阻，该绝缘电阻的阻值应在 1 MΩ 以上。平时尽量少开电气柜门，以保持电气柜内的清洁，定期对电气柜和有关电器的冷却风扇进行卫生清洁，更换其空气过滤网。电路板上太脏或受潮可能发生短路现象，因此，必要时要对各个电路板、电气元件采用吸尘法进行卫生清扫。

6．机床长期不用时的维护

数控机床不宜长期封存不用，购买数控机床以后要充分利用起来，尽量提高机床的利用率，尤其是投入的第一年，更要充分的利用，使其容易出现故障的薄弱环节尽早的暴露出来，使故障的隐患尽可能在保修期内得以排除。数控机床不用，反而会由于受潮等原因加快电子元件的变质或损坏，如数控机床长期不用时要长期通电，并进行机床功能试验程序的完整运行。要求每 1～3 周通电试运行 1 次，尤其是在环境湿度较大的梅雨季节，应增加通电次数，每次空运行 1 小时左右，以利用机床本身的发热来降低机内湿度，使电子元件不致受潮。同时，也能及时发现有无电池报警发生，以防系统软件、参数的丢失等。

7．更换存储器电池

一般数控系统内对 RAM 存储器器件设有可充电电池维持电路，以保证在系统不通电

期间保持其存储器的内容。在一般的情况下，即使电池尚未失效，也应每年更换一次，以确保系统能正常工作。电池的更换应在数控装置通电状态下进行，以防更换时 RAM 内信息丢失。

8．印刷线路板的维护

印刷线路板长期不用是很容易出故障的。因此，对于已购置的备用印刷线路板应定期安装到数控装置上运行一段时间，以防损坏。

9．监视数控装置用的电网电压

数控装置通常允许电网电压的额定值在+10%～−15%的范围内活动，如果超出此范围就会造成系统不能正常工作，甚至会引起数控系统内电子元件的损坏。为此，需要经常监视数控装置用的电网电压。

10．定期进行机床水平和机械精度的检查

机械精度的校正方法有软硬两种。其软方法主要是通过系统参数补偿，如丝杠反向间隙补偿、各坐标系定位精度定点补偿、机床回参考点位置校正等；其硬方法一般要在机床大修时进行，如进行导轨修刮、滚珠丝杠螺母预紧、调整反向间隙等。

11．经常打扫卫生

如果机床周围环境太脏、粉尘太多，都可能会影响机床的正常运行；电路板太脏，可能产生短路现象；油水过滤网、安全过滤网等太脏，会导致压力不够、散热不好，造成故障。所以必须定期进行卫生清扫。

三、数控机床日常点检要点

为了更具体地说明日常保养的周期、检查部位和要求，可以参考如表 1-2 所示的数控机床的日常点检要点。

表 1-2　数控机床日常点检要点

车间：		班组：　　　　设备名称：						操作人：				
序号	点检内容	点 检 标 准	年　　月									
			1	2	3	4	5	6	7	8	9	10
1	机床	检查机床开机、运行动作是否正常，各行程挡铁排列是否正确										
2	压力表	检查压力表读数是否正常										
3	液压系统	检查机床液压油箱液位是否正常，必要时添加；液压油路是否有漏油现象										
4	机床附件	检查卡盘、尾座、刀台等关键部件动作是否正常										
5	机床管路	机床运行时各运动油管、线管是否有磨蹭现象										
6	润滑系统	每班观察两次两侧床头箱润滑油窗是否上油，严禁床头箱无润滑运转										

续表

序号	点检内容	点检标准	年　月									
			1	2	3	4	5	6	7	8	9	10
7	其他部位	清理床头、尾座、导轨槽等各个角落的铁屑，保持外罩清洁										
8	传动系统	主轴运转时是否有异响，各运动部件是否运行平稳										
9	电控系统	操纵盘灵活、好用，触屏良好，控制柜内配件无发热灼伤现象，地线螺栓无松动										
点检方法：目视、听音、手摸、敲击等			记录符号：正常"√"，不正常"×"，已处理部位"※"									

　　数控机床种类很多，各类数控机床因其功能、结构及系统的不同，具有不同的特性，其维护保养的内容和规则也各有特色，我们在实际工作中要具体情况具体分析，根据数控机床的种类、型号并参照数控机床使用说明书的要求，建立和制定定期、定级的保养制度及日常维护与保养的要点。

　　在我国从制造大国到制造强国的过程中，数控机床的应用已经十分广泛，数控机床的使用已经不是简单地使用设备，如何"管理好、使用好、维护保养好"数控机床已成为亟待解决的重要问题。只有科学的管理、充分了解数控机床的特点以及协调好各生产环节的平衡，才能充分发挥数控机床的经济效益。

【知识梳理】

数控机床的保养与维护
- 数控机床的操作维护规程
  - 数控机床操作的一般要求
  - 数控机床开机前的检查
  - 数控机床操作过程中的注意点
  - 数控机床操作结束后整理清理内容
  - 数控机床的维护保养
  - 数控机床检修时应注意的事项
- 数控机床日常维护保养内容和要求
- 数控机床通用的日常维护保养要点举例
- 数控机床的日常点检要点

【学后评量】

1. 数控机床操作的一般要求是什么？
2. 数控机床操作结束后整理清理内容是什么？
3. 数控机床检修时应注意哪些事项？
4. 机床长期不用时如何维护？

数控机床机械部分的维护

【本单元主要内容】

1．数控机床机械部件的维护及故障诊断。
2．数控机床主轴部件的维护。
3．刀库及换刀装置的维护。
4．滚珠丝杠螺母的常见故障和维修。
5．导轨副的维护和故障诊断方法。
6．液压传动系统的维护和故障诊断方法。
7．气压传动系统的维护和故障诊断方法。

课题一　数控机床机械部件的维护

【学习目标】

1．了解数控机床机械结构的组成及特点。
2．了解数控机床机械部件维护的主要内容。
3．掌握数控机床机械部分维修常用的方法。
4．能够解决生产实践中遇到的常见故障。

【课题导入】

　　数控中专二年级的王红同学在数控车间上实习课程，数控车床在一开机时就发出刺耳的噪声，并伴随着振动。王红赶紧按下数控车床开关按钮，让数控车床停止工作。可是她查找不出发出声音的原因，怎么办呢？下面就请大家一起来帮她查找吧。

想一想

1．是不是数控车床主轴上的轴承发生老化，没有定期保养？
2．发现机床有异响，我们应如何进行检查呢？

【知识链接】

数控机床是机械和电子技术相结合的产物，其机械结构随着电子控制技术在机床上的普遍应用以及对机床性能的技术要求，逐步由最原始的普通机床发展到现在的数控机床。

一、机械部件维护的基本知识

1. 数控机械结构的概述

数控机床的机械部分通常称为机床本体，它由主运动系统、进给系统、支撑系统和自动换刀系统组成。如图 2-1 所示为数控车床的机械部分组成。

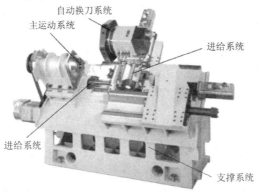

图 2-1　数控机床的机械部分组成

2. 数控机床机械结构的主要特点和要求

1) 高静、动刚度

机床的刚度是指在切削力和其他力的作用下，反抗变形的能力。机床在静态力(如运动部件和工作的自重)作用下所表现的刚度称为机床的静刚度。机床在动态力(如切削力、驱动力、加速和减速所引起的惯性力、摩擦阻力等)作用下所表现的刚度称为机床的动刚度。由于机床机械结构的情况复杂，一般很难对机床的结构刚度进行精确的理论计算，设计者往往只能对部分构件(如轴、丝杠等)用计算方法计算其刚度，而对于床身、立柱、工作台等零部件的弯曲和扭转变形、接合面的接触变形等，只能进行近似计算，计算结果往往与实际相差很大，故只能作定性分析的参考。

为了保证数控机床在自动化、高效率的切削条件下获得稳定的高精度，其机械结构往往要求具有较高的抗振性。

2) 良好的抗振性

机床工作时可能会产生两种形态的振动：强迫振动和自激振动。机床的抗振性能指的就是机床抵抗这两种振动的能力。数控机床的性能决定了它在工作时常需要采用高速、高效的切削方式，而高速、高效的切削又是产生动态力和大切削宽度的直接原因，因此，在制作数控机床机械结构时，要采取措施提高机床的抗振性。常用的方法有：提高机床的静态刚度，增强构件或结构的阻尼，减小机床的内部振源等。

3) 高灵敏度

数控机床的精度比普通机床高，因而运动部件应具有较高的灵敏度。要实现这一点，从机械结构方面来说，最重要的是要选好所用的导轨副，因为运动部件所受的摩擦阻力主要来自导轨副。现代数控机床上广泛采用滚动导轨、静态导轨、贴塑导轨等，这些导轨都有一个共同的优点，即动、静摩擦系数都很小，并且其差值也很小。采用这些导轨可以保证运动部件在高速进给时不振动，低速进给时不爬行，并且有较高的灵敏度。

4) 热变形小

热膨胀是各种金属和非金属材料的固有特性。机床工作时，切削过程、电动机、液压系统和机械摩擦都会发热，这些产生热量的部件和部位称为热源。热源产生的热量一部分由切削和冷却液带走，另一部分通过传导、对流、辐射传递给机床的各个部件，引起温升，产生热膨胀。机床的热变形是影响加工精度的一个重要因素。

由于热变形是在机床工作过程中产生的，对加工精度的影响往往很难由机床操作者修正，所以在考虑数控机床机械结构时，应对如何减小机床的热变形予以特别重视。

5) 高精度保持性和高可靠性

数控机床自身的精度是很高的，因此可获得较高的加工精度。为保证高生产效率，数控机床常在高速或强力切削下满载工作。为保证机床具有稳定的加工精度，就要求数控机床具有很高的精度保持性。要做好这一点，在设计时除了要正确选择各主要部件、零件的材料，防止使用中的变形和快速磨损外，还要求采用新工艺、新技术以及加强特定的工艺措施。

3. 数控机床机械部件的维护

由于机械部件长期处于运动摩擦过程中，因此，对它的维护和维修对保证机床精度是很重要的。数控机床因其功能、结构及系统的不同，维护保养的内容和规则也是各有特色，具体应根据机床种类、型号及实际使用情况，并参照说明书的要求，制定和建立必要的定期、定级维护保养制度。

1) 使机床保持良好的润滑状态

定期检查、清洗自动润滑系统，添加或更换润滑脂、润滑液，使丝杠、导轨等各运动部位始终保持良好的润滑状态，降低机械磨损速度。

2) 定期检查液压、气压系统

定期对液压系统进行油质化验检查，更换液压油，并定期对各润滑、液压、气压系统的过滤器或过滤网进行清洗或更换，还要注意及时对气压系统的空气过滤器进行放水。

3) 定期对机床的水平和机械精度进行检查并校正

机床机械精度的校正方法有软硬两种。所谓软方法，主要是指通过调整系统参数进行的补偿，如丝杠反向间隙补偿、各坐标定位精度定点补偿、机床回参考点位置校正等；而硬方法一般在机床大修时使用，如导轨的修刮，滚珠丝杠螺母副的预紧，反向间隙、齿轮副间隙的调整等。

4) 适时对各坐标轴进行超程限位试验

对于硬件限位开关，平时虽然主要靠软件限位开关起保护作用，但由于切削液等原因会使其产生锈蚀，关键时刻如因硬件限位开关锈蚀不起作用将会产生碰撞，甚至损坏滚珠丝杠，严重的话会影响机床机械精度。试验时用手按一下限位开关，看是否出现超程警报，或检查相应 I/O 接口的输入信号是否变化。

总之，数控机床正不断向高效率、高质量、高柔性、高速度、低成本及智能化方向发展，认真做好数控机床的维护工作，可大大降低其故障率，减少停机时间，节约维修费用，提高经济效益。

想一想

1. 数控机床在使用过程中会出现哪些故障呢？
2. 当数控机床发生故障时，我们应如何来消除故障？

二、数控机床的机械故障

1. 机械故障

所谓数控机床的机械故障，就是指数控机床机械系统(零件、组件、部件或整台设备乃至一系列的设备组合)因偏离其设计状态而丧失部分或全部功能的现象。如机床运转不平稳、轴承噪声过大、机械手夹持刀柄不稳定等现象都是机械故障的表现形式。

2. 数控机床的机械故障分类

数控机床机械故障的分类见表 2-1。

表 2-1 数控机床机械故障的分类

标 准	分 类	说 明
故障发生的原因	磨损性故障	正常磨损而引发的故障，对这类故障形式，一般只进行寿命预测
	错用性故障	使用不当而引发的故障
	先天性故障	由于设计或制造不当而造成机械系统中存在某些薄弱环节而引发的故障
故障的性质	间断性故障	只是短期内丧失某些功能，稍加修理调试就能恢复，不需要更换零件
	永久性故障	某些零件已损坏，需要更换或修理才能恢复
故障发生后的影响程度	部分性故障	功能部分丧失的故障
	完全性故障	功能完全丧失的故障
故障造成的后果	危害性故障	会对人身、生产和环境造成危险或危害的故障
	安全性故障	不会对人身、生产和环境造成危险或危害的故障
故障发生的快慢	突发性故障	不能靠早期测试检测出来的故障。对这类故障只能进行预防
	渐发性故障	故障的发展有一个过程，因而可对其进行预测和监视
故障发生的频次	偶发性故障	发生频率很低的故障
	多发性故障	经常发生的故障
故障发生、发展规律	随机性故障	故障发生的时间是随机的
	有规则故障	故障发生比较有规则

3. 数控机床机械故障的诊断

所谓机械故障诊断，就是对机械系统所处的状态进行监测，判断其是否正常。当机械系统出现异常时，会使某些特性改变，产生能量、力、热及摩擦等各种物理和化学参数的变化，发出各种不同的信息。维修人员捕捉这些变化的征兆、检测变化的信号及规律，从而判定故障发生的部位、性质、大小，分析原因和异常情况，预报其发展趋势，判别损坏情况，做出决策，消除故障隐患，防止事故的发生，这就是机械故障诊断。

4. 机械故障诊断的意义

应用机械故障诊断技术对机械系统进行监测和诊断，能及时发现机器的故障，还能同时预防设备恶性事故的发生，从而避免人员的伤亡、环境的污染和巨大的经济损失，找出生产系统中的事故隐患，从而对机械设备和工艺进行改造。另外，更重要的意义还在于对设备维修制度的改革，即将传统的定期维修改变为预知维修，大大提高了机械系统的安全性、可靠性和利用率，节约了大量维修时间和费用，进而产生巨大的经济效益。

5. 机械故障诊断的任务

(1) 诊断引起机械系统的劣化或故障的主要原因。
(2) 掌握机械系统劣化、故障的部位、程度及原因等。
(3) 了解机械系统的性能、强度、效率。
(4) 预测机械系统的可靠性及使用寿命。

6. 机械故障诊断的方法

数控机床机械故障诊断包括对数控机床运行状态的识别、对其运行过程的监测以及对其运行发展趋势的预测三个方面。通过对数控机床机械装置的某些特征参数，如振动、噪声和温度等进行测定，将测定值与规定的正常值进行比较，判断机械的工作状态是否正常。若对机械装置进行定期或连续监测，便可获得机械装置状态变化的趋势性规律，从而对机械装置的运行状态进行预测和预报。

· **方法一**：直观诊断法。

直观诊断法是靠人的感官功能(视、听、触、嗅等)，借助一些常用的工、量具对机床的运行状态进行监测和判断的过程。在对机械故障进行诊断之前，通常应询问以下情况：

(1) 机床开启时有何异常现象？故障是在什么情况下发生的？操作者都做过什么操作？
(2) 故障前后工件的精度和表面粗糙度有何变化？
(3) 主轴系统、进给系统是否能正常工作？有无异常现象出现？
(4) 润滑油品牌号是否符合规定，用量是否适当？
(5) 以前曾发生过什么故障，是如何处理的？机床何时进行过保养检修？

利用听觉判断数控机床运转的声响。因为机床正常运转时，所发出的声响总是具有一定的音律和节奏，并保持一定程度的稳定。对发生了故障的机床所出现的重、杂、坚、乱的异常噪声与机床的正常声响进行对比，判断机床内部是否出现松动、撞击、不平衡等隐患。维修人员通过用手锤轻轻敲击零件，可以判断零件是否缺损，有无裂纹产生。

利用人的嗅觉对机床的某些部位因剧烈摩擦，使附着的油脂或其他可燃物发生氧化、蒸发，以及因各种原因引起的燃烧所发出的气味进行判断，往往可收到较好的效果。一方面可帮助人们迅速找到故障部位，另一方面可根据气味的种类判别是何种材料发出的，为诊断故障原因提供依据。

采用直观诊断法来判断数控机床的故障，是定性的、粗略的和经验性的，但对数控机床的管理及维修仍有现实的意义。

- **方法二**：振动诊断法。

振动是一切做回转或往复运动的机械设备最普遍的现象，数控机床也不例外。在机床运转时，总是伴随着振动，当数控机床处于完好状态时，其振动强度是在一定的允许范围内波动的，而出现故障时，其振动强度必然增强，振动性质也会发生变化。

- **方法三**：油样分析法。

在数控机床中广泛存在着两类工作油：液压油和润滑油。它们中带有大量的关于机床运行状态的信息。特别是润滑油，类似于血液在人体器官中流动，它也在机床中循环流动，其所涉及的各摩擦副的磨损碎屑都将落入其中并随之一起流动。所以通过对工作油液的合理采样，并进行油样分析处理后，就能间接监测机床的磨损类型和程度，判断磨损部位，找出磨损的原因，从而对机床的工作状况进行科学的判断，如图2-2所示。

图 2-2　油样分析法

对工作油进行油样分析通常有以下五个步骤：

(1) 采样：采样时必须采集能反映当前机器中各个零部件运行状态的油样，即具有代表性的油样。

(2) 检测：指对油样进行分析时，用适当的方法测定油样中磨损磨粒的各种特性，初步判断机床的磨损状态是正常磨损还是异常磨损。

(3) 诊断：如机床属于异常磨损状态，则需进一步进行诊断以确定磨损零件和磨损类型。

(4) 预测：指预测处于异常磨损状态的机床零件的剩余寿命和今后的磨损类型。

(5) 处理：根据所预测的磨损零件、磨损类型和剩余寿命即可对机床进行处理(包括确定维修方式、维修时间以及需要更换的零部件等)。

- **方法四**：噪声测量法。

噪声也是数控机床机械故障的主要信息来源之一，测声法利用数控机床运转时发出的声音来进行故障诊断。

数控机床噪声的声源主要有两类：一类是来自运动的零部件，如电动机、油泵、齿轮、轴承等，其噪声频率与它们的运动频率或固有频率有关；另一类是来自不动的零件，如箱体、盖板、机架等，其噪声是由于受其他振动源的诱发而产生共鸣引起的。

测量噪声主要是测量声压级。测量仪器可用简单的声级计，也可用复杂的实验室分析和处理系统。不同构件会发出不同频率的声响，噪声测量时需要对这些声音进行频谱分析，用振动分析仪器对声音进行分析和处理，最后判断是否存在故障及确定故障程度。

• **方法五**：温度监测法。

温度是一种表象，它的升降反映了数控机床机械零部件的热力过程，异常的温度变化表明了热故障。所以温度与数控机床的运行状态密切相关，温度监测也在数控机床机械故障诊断的各种方法中占有重要的地位。

用温度监测法进行机械故障诊断时，通常根据测量时测温传感器是否与被测对象接触，将测温方式分为接触式测温和非接触式测温两大类。其中接触式测温是将测温传感器与被测对象接触，被测对象与测温传感器之间因传导热交换而达到热平衡，根据测温传感器中的温度敏感元件的某一物理性质随温度而变化的特性来检测温度。目前，广泛应用的接触式测温方法主要有热电偶法、热电阻法和集成温度传感器三种。采用接触式测温方法来测量数控机床各部分的表面温度，具有快速、准确、方便的特点。如图 2-3 所示是用热像仪对机床进行测温。而非接触式测温主要是采用物体热辐射的原理进行的，又称辐射测温，此种方法在数控机床上不太适用。

图 2-3　用热像仪现场测温

• **方法六**：无损探伤法。

无损探伤是在不损坏检测对象的前提下，探测其内部或外表的缺陷(伤痕)的现代检测技术。在工业生产中，许多重要设备的原材料、零部件、焊缝等必须进行必要的无损探伤，当确认其内部或表面不存在危险性或非允许缺陷时，才可以使用或运行。这种方法在数控机床的制造及其机械故障的诊断中也有很大的作用。

目前用于机器故障诊断的无损探伤方法多达几十种，在工业生产检验中，应用最广泛的有超声波探伤、射线探伤、磁粉探伤、渗透探伤等。就其检测对象而言，超声波探伤和射线探伤比较适合于检测机体内部缺陷，而对于机体表面缺陷采用磁粉探伤、渗透探伤则更为合适。除此之外，许多现代无损检测技术如红外线探伤、激光全息摄影、同位素射线示踪等也已获得了应用。对数控机床采用无损探伤技术进行机械故障诊断可有效地提高机床运行的可靠性，另外，对于改进数控机床的设计制造工艺、降低制造成本也具有十分现实的意义。如图 2-4 所示是用无损探伤法检查机床。

图 2-4　用无损探伤法检查机床

三、数控机床常见故障的案例及维修方案

1. 数控机床类案例

★ 案例 1：

【故障现象】　一台数控车床的加工精度越来越差，发现问题后，把其改成半精加工，后又改成粗加工，最后问题越来越严重，X 方向尺寸误差达到 0.5 mm。

【分析与诊断】　首先怀疑是机械方面故障，测量了 X 方向反向间隙，发现反向间隙明显过大，是丝杠问题。拆开 X 向丝杠检查，丝杠没有轴向窜动量；又检查丝杠两端的轴承，发现靠电动机处的推力轴承保持架损坏。更换轴承后，开机试车，发现 X 轴方向仍然误差较大。进一步查找原因，是参数设定问题。原来的反向间隙补过，现在机械恢复了，补过的反向间隙值还在 CNC 中，仍然起作用。撤销原参数后，对新间隙重新补充输入，精度终于恢复了正常。

★ 案例 2：

【故障现象】　数控机床一开机就发出刺耳的噪声，并伴随着振动。

【分析与诊断】　首先确定噪声源，噪声来自床头箱部位，应该包括齿轮、电动机、带轮及传动带等部位的噪声。经检查噪声主要来自床头箱主电动机的刹车制动器。先察看主电动机的结构。主轴电动机采用普通双速电动机，为了能够快速刹车，采用了刹车制动器。刹车制动器安装在电动机轴端上，当加工循环结束后，制动器电磁铁与刹车盘吸合实现快速刹车制动。当刹车结束后，制动器松开，主轴又恢复运转。

【故障排除及维修】　找到故障点后拆开主电动机刹车装置，发现中间有个铜套，因长期摩擦已磨损十分严重。重新更换一个新的后，恢复正常。原来由于铜套松动，电动机主轴产生偏心而引起的机床振动问题也消失了。

★ 案例 3：

【故障现象】 数控机床床面导轨润滑油越来越少。

【分析与诊断】 润滑油少，属于集中润滑系统的故障。现在的数控机床都使用自动润滑系统，先检查油杯中油是否降到正常刻线的下面，再检查油泵是否定时往外泵油。如果泵油，说明问题可能出在管路中，可能某个环节管路被脏物堵塞。为了保证泵出的定量油能流到各润滑点，润滑系统配有分配器。经检查，通往床面导轨的分配器定时有油流出，这样故障点应在分配器出来的管路上。

【故障排除及维修】 使用高压风吹相应的润滑油管路，把脏物排出后，故障排除，恢复正常。

★ 案例 4：

【故障现象】 粗车外径时，主轴每转一圈在棒料圆周表面上都会出现一处振痕。

【分析与诊断】 首先检查主轴上的传动齿轮节径间隙是否过大，若啮合良好则可能是主轴的滚动轴承中的某几粒滚柱磨损严重，拆卸后用千分尺逐粒测量滚柱，确实是某几粒滚柱严重磨损(也可能出现滚柱间的尺寸相差较大的情况)。

【故障排除及维修】 更换轴承，故障解决。

★ 案例 5：

【故障现象】 精车后的工件端面产生中凹或中凸。

【分析与诊断】 首先检查车刀是否锋利、滑板是否松动或刀架是否压紧，防止车刀因受切削力的作用而让刀，产生凸面。校正主轴中心线的位置，在保证工件合格的前提下，要求主轴中心线向前(偏向刀架)。然后测量床鞍上导轨与主轴中心线的垂直度，床鞍移动对主轴箱中心线的平行度，床鞍上、下导轨的垂直度。在检查最后一项时发现床鞍上、下导轨的垂直度超差。

【故障排除及维修】 经过大修以后的机床出现垂直度误差时，必须重新刮研床鞍下导轨面，只有尚未经过大修的机床，由于床鞍上导轨磨损严重形成工件中凹时，才可刮研床鞍的上导轨面，要求床鞍上导轨的外端必须偏向主轴箱。刮研后的床鞍导轨满足精度要求，故障排除。

2. 加工中心类案例

★ 案例 1：

【故障现象】 主轴发热。

【分析与诊断】 主轴发热有以下几个原因：

(1) 主轴轴承预紧力过大，造成主轴回转时摩擦过大，引起主轴温度急剧升高。

(2) 主轴轴承研伤或损坏，造成主轴回转时摩擦过大，引起主轴温度急剧升高。

(3) 主轴润滑油脏或有杂质，造成主轴回转时阻力过大，引起主轴温度升高。

(4) 主轴轴承润滑油脂耗尽或润滑油脂过多，造成主轴回转时阻力、摩擦过大，引起主轴温度升高。

【故障排除及维修】 按照分析原因，通过以下几个方面逐一排除：

(1) 通过重新调整主轴轴承预紧力加以排除。

(2) 通过更换新轴承加以排除。

(3) 通过清洗主轴轴承, 重新换油加以排除。

(4) 通过重新涂抹适量润滑脂加以排除。

★ 案例 2:

【故障现象】 主轴工作时噪声过大。

【分析与诊断】 主要有以下几个原因:

(1) 主轴部件动平衡不良, 使主轴回转时振动过大, 引起工作噪声。

(2) 主轴支撑轴承拉毛或损坏, 使主轴回转间隙过大, 回转时冲击、振动过大, 引起工作噪声。

(3) 主轴传动带松弛或被磨损, 使主轴回转时摩擦过大, 引起工作噪声。

(4) 主轴与电动机轴线不平行, 使主轴回转时摩擦过大, 引起工作噪声。

【故障排除及维修】 依据分析原因从以下几个方面逐一排除:

(1) 通过机床生产厂家的专业人员对主轴部件重新进行动平衡检查与调试加以排除。

(2) 对轴承进行检查、维修或更换加以排除。

(3) 通过调整或更换传动带加以排除。

(4) 通过研磨, 调整两轴之间平行度加以排除。

★ 案例 3:

【故障现象】 刀具夹紧后不能松开。

【分析与诊断】 主要有以下几个原因:

(1) 松刀液压缸压力或行程不够。

(2) 碟形弹簧压合过紧, 使主轴夹紧装置无法完全运动到正确位置, 刀具无法松开。

【故障排除及维修】 依据分析原因从以下几个方面逐一排除:

(1) 通过调整液压力或行程加以排除。

(2) 通过调整碟形弹簧上的螺母, 减小弹簧压合量加以排除。

★ 案例 4:

【故障现象】 滚珠丝杠副正反向间隙过大。

【分析与诊断】 这种故障主要有以下几个原因:

(1) 无预紧或预紧不足。

(2) 若是双螺母垫片预紧, 则有可能是单个螺母间隙过大。

(3) 若是单螺母变位预紧, 则有可能是变位量过大。

滚珠丝杠副正反间隙过大是常见的问题, 当该问题发生时首先要检查预紧力是否正常, 若预紧力没有问题, 则双螺母垫片预紧要检查螺母的单体间隙, 即单个螺母装在丝杠上的间隙, 这个间隙最好控制在 0.005 mm 以内。间隙越大, 滚珠丝杆副正反转时的接触角变化越大, 而接触角的变化是通过丝杠和螺母的相对回转来实现的, 所以单体间隙越大, 空回转量就越大。对于单螺母变位预紧的情况, 则是看变位的一侧, 与双螺母类似。

【故障排除及维修】 若经检查发现没有预紧或预紧力不足, 则需重新配垫片。若预紧力正常则需调整单个螺母的间隙, 即需要重新配滚珠。若是单螺母变位预紧在选配较大滚珠还不见效的情况下, 应重新配螺母, 并选择合适的变位量。

总之, 在面对数控机床故障和维修问题时, 首先要防患于未然, 不能在数控机床出现问题后才去解决问题, 要做好日常的维护工作并了解机床本身的结构和工作原理, 这样才能做到有的放矢。

【知识梳理】

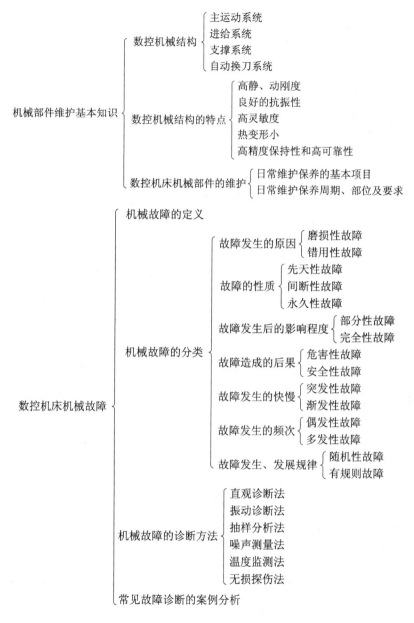

【学后评量】

1. 数控机床的机械结构由哪几部分组成？
2. 数控机床机械结构的特点是什么？
3. 什么是无损探伤法？
4. 数控机床机械故障的分类有哪些？

5．在实际生产中遇到的机床机械故障有哪些？是如何解决的？

课题二　数控机床主轴部件的维护

【学习目标】

1．了解数控机床主轴部件的结构和特点。
2．了解主轴部件润滑与密封的方式。
3．了解主轴刀具自动夹紧装置以及准停装置。
4．会保养和维护主轴部件。

【课题导入】

在之前的实训中同一个同学采用不同数控机床加工同一工件时，精度不一样，这是为何？这和机床主轴的回转精度有关么？

想一想

1．你知道的滚动轴承的类型有哪些？
2．选择不同类型的滚动轴承的依据是什么？

【知识链接】

数控机床主运动系统主要包括主轴箱、主轴部件、调速主轴电机。主轴部件在主轴箱内，由主轴、主轴轴承、自动松夹结构、主轴定向准停装置和切屑清除装置组成。数控机床主轴部件的润滑、冷却与密封是机床使用和维护过程中值得重视的几个问题。

一、主轴部件

主轴部件是机床的关键部件，它包括主轴的支承、安装在主轴上的传动零件等。数控机床主轴部件的结构及其工作性能直接影响加工零件的精度、质量和生产率以及刀具的寿命。主轴部件应满足以下几方面的要求：主轴的回转精度，主轴部件的结构刚度和抗震性、耐磨性和精度保持性，运转温度和热稳定性等；其结构必须能很好地解决刀具和工具的装夹、轴承的配置、轴承间隙的调整和润滑密封等问题。

（一）主轴部件的支承

数控机床主轴带着刀具或夹具在支承件中作回转运动，需要传递切削扭矩，承受切削抗力，并保证必要的旋转精度。数控机床主轴支承根据主轴部件的转速、承载能力及回转精度等要求的不同而采用不同种类的轴承和配置。一般中小型数控机床(车床、铣床、加工中心、磨床)的主轴部件大多采用成组的高精度滚动轴承；重型数控机床采用液体静压轴承；

而高精度数控机床(坐标磨床)一般采用气体静压轴承；超高转速(转速高达 20 000 r/min)的主轴轴承一般采用磁力轴承或氮化硅材料的陶瓷滚珠轴承。在各种类型的轴承中，以滚珠轴承的使用最为普遍。滚珠轴承通常由两个或三个角接触球轴承组成，或由角接触轴承与圆柱滚子轴承组合。这种轴承经过预紧后可得到较高的刚度。

1．主轴部件常用滚动轴承的类型

1) 双列圆柱滚子轴承

如图 2-5(a)所示是锥孔双列圆柱滚子轴承，内圈为 1∶12 的锥孔。当内圈沿锥形轴颈轴向移动时，内圈胀大以调整滚道的间隙。滚子数目多，两列滚子交错排列，因而承载能力大，刚性好，允许的转速高。它的内、外圈均较薄，因此，要求主轴轴颈与箱体孔均有较高的精度，以免轴颈与箱体孔的形状误差使轴承滚道发生畸变而影响主轴的旋转精度。该轴承只能承受径向载荷。

2) 双列推力角接触球轴承

如图 2-5(b)所示是双列推力角接触球轴承，接触角为 60°，球径小，数目多，能承受双向轴向载荷。磨薄中间隔套可以调整间隙或预紧，轴向刚度较高，允许的转速较高。该轴承一般与双列圆柱滚子轴承配套用作主轴的前支承，并将其外圈外径做成负偏差，保证只承受轴向载荷。

3) 双列圆锥滚子轴承

如图 2-5(c)所示是双列圆锥滚子轴承，它有一个公用外圈和两个内圈，由外圈的凸肩在箱体上进行轴向定位，箱体孔可以镗成通孔。磨薄中间隔套可以调整间隙或预紧，两列滚子的数目相差一个，可使振动频率不一致，改善轴承的动态性。这种轴承能同时承受径向和轴向载荷，通常用作主轴的前支承。

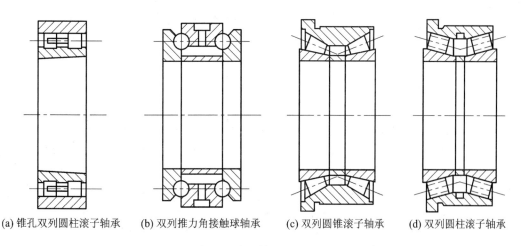

(a) 锥孔双列圆柱滚子轴承　　(b) 双列推力角接触球轴承　　(c) 双列圆锥滚子轴承　　(d) 双列圆柱滚子轴承

图 2-5　常用轴承的类型

4) 双列圆柱滚子轴承

如图 2-5(d)所示是带凸肩的双列圆柱滚子轴承，结构上与图 2-5(c)相似，可用作主轴前支承。滚子是空心的，保持架为整体结构，充满滚子之间间隙的润滑油由空心滚子端面流向挡边摩擦处，可有效地进行润滑和冷却。空心滚子承受冲击载荷时产生微小变形，能增大接触面积并有吸振和缓冲的作用。

2．常用主轴轴承的配置形式

常用主轴轴承的配置形式主要有三种，如图 2-6 所示。

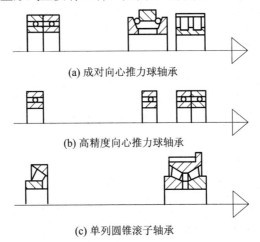

(a) 成对向心推力球轴承

(b) 高精度向心推力球轴承

(c) 单列圆锥滚子轴承

图 2-6　数控机床主轴轴承配置形式

(1) 前支承采用双列短圆柱滚子轴承和 60°角接触双列向心推力球轴承组合，后支承采用成对向心推力球轴承(如图 2-6(a)所示)。此配置可提高主轴的综合刚度，满足强力切削的要求。

(2) 前支承采用高精度向心推力球轴承(如图 2-6(b)所示)。向心推力球轴承有良好的高速性，但它的承载能力小。此配置适用于高速、轻载、精密的数控机床主轴。

(3) 前后支承分别采用双列和单列圆锥滚子轴承(如图 2-6(c)所示)。这种轴承径向和轴向刚度高，能承受重载荷，尤其是可承受较强的动载荷。其安装、调整性能好，但限制主轴转速和精度，适用于中等精度低速、重载的数控机床。

(二) 主轴的润滑与密封

1．主轴的润滑

为了保证主轴有良好的润滑，减少摩擦发热，同时又能把主轴部件热量带走，通常采用循环式润滑系统。用液压泵供油增强润滑，在油箱中使用油温控制器控制油液温度。近年来一部分数控机床主轴轴承采用高级油脂式润滑，每加一次油脂可以使用 7～10 年，简化了结构，降低了成本并且维护保养简单，但需防止润滑油和油脂混合，通常采用迷宫式密封方式。为了适应主轴转速向更高速发展的需要，新的润滑、冷却方式相继被开发出来。这些新的润滑、冷却方式不仅能减少轴承的温升，还能减少轴承内外圈的温差，以减弱主轴的热变形。

1) 油气润滑方式

这种润滑方式近似于油雾润滑方式。所不同的是，油气润滑是定时定量地把油雾送进轴承空隙中，这样既实现了油雾润滑，又不至于因油雾太多而污染周围的空气；而油雾润滑则是连续供给油雾。

2) 喷油润滑方式

这种润滑方式用较大流量的恒温油(每个轴承 3～4 L/min)喷注到轴承上，以达到润滑、冷却的目的。这里较大流量喷注的油液必须靠液压泵强制排油，如图 2-7 所示，不是自然的回油，同时还要采用专用高精度大容量恒温油箱，使油温变动控制在 ±0.5℃。

2. 密封

在密封件中，被密封的介质往往是以穿漏渗透或扩散的形式越界泄漏到密封连接处的一侧。造成这种情况的原因一般是流体从密封面上的间隙中溢出，或是由于密封部件内外两侧密封介质的压力差或浓度差，致使流体向压力或浓度低的一侧流动。图 2-8 所示为某卧式加工中心主轴前支承的密封结构。

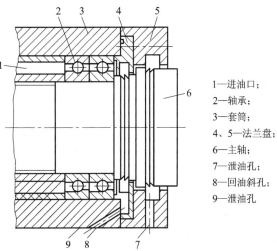

1—进油口；
2—轴承；
3—套筒；
4、5—法兰盘；
6—主轴；
7—泄油孔；
8—回油斜孔；
9—泄油孔

图 2-7　喷注油排油泵　　　图 2-8　某卧式加工中心主轴前支承的密封结构

图 2-8 所示的卧式加工中心主轴前支承采用的是双层小间隙密封装置。主轴前端有两组锯齿形护油槽，在法兰盘 4 和 5 上开有沟槽及泄油孔，喷入轴承 2 内的油液流出后被法兰盘 4 内壁挡住，并经其下部的泄油孔 9 和套筒 3 上的回油斜孔 8 流回油箱，少量的油液沿主轴 6 流出后，在主轴护油槽处由于离心力的作用被甩至法兰盘 4 的沟槽内，再经回油斜孔 8 重新流回油箱，从而达到防止润滑介质泄漏的目的。

外部切削液、切屑及灰尘等沿主轴 6 与法兰盘 5 之间的间隙进入后，经法兰盘 5 的沟槽由泄油孔 7 排出，若少量的切削液、切屑及灰尘进入主轴前端锯齿沟槽，则在主轴 6 高速旋转离心力作用下被甩至法兰盘 5 的沟槽内由泄油孔 7 排出，达到端部密封的目的。

(三) 主轴内刀具的自动夹紧和切屑的清除

在具有自动换刀功能的数控机床的刀具自动夹紧装置中，刀具自动夹紧装置的刀杆常用 7∶24 的大锥度锥柄，既利于定心，又便于松刀。用碟形弹簧(见图 2-9)通过拉杆及夹头拉住刀柄的尾部，使刀具锥柄和主轴锥孔紧密配合，夹紧力达 10 000 N 以上。松刀时，通过液压缸活塞推动拉杆来压缩碟形弹簧，使夹头涨开，夹头与刀柄上的拉钉脱离，刀具即可拔出，进行新、旧刀具的交换。新刀装入后，液压缸活塞后移，新刀具又被碟形弹簧拉紧。在活塞推动拉杆松开刀柄的过程中，压缩空气由喷气头经过活塞中心孔和拉杆中的孔吹出，将锥孔清理干净，防止切屑和灰尘掉入主轴锥孔中，将主轴锥孔表面和刀杆的锥柄划伤，同时也保证了刀具的正确位置。对于自动换刀的数控机床来说，主轴锥孔的清洁是十分重要的。如果主轴锥孔中掉进了切屑或其他污物，则在拉紧刀具时，主轴锥孔表面和刀杆的锥柄就会被划伤，使刀杆发生偏斜，破坏刀具的正确定位，影响加工零件的精度，甚至使零件报废。

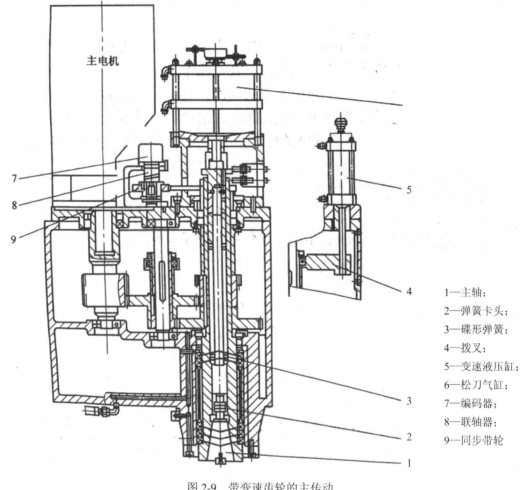

1—主轴；
2—弹簧卡头；
3—碟形弹簧；
4—拨叉；
5—变速液压缸；
6—松刀气缸；
7—编码器；
8—联轴器；
9—同步带轮

图 2-9　带变速齿轮的主传动

（四）主轴准停装置

数控机床为了 ATC(刀具的自动交换)的动作过程，必须设置主轴准停结构。由于刀具装在主轴上，切削时切削转矩不可能仅靠锥孔的摩擦力来传递，因此在主轴前端设置了一个突键，当刀具装入主轴时，刀柄上的键槽必须与突键对准，才能顺利换刀；因此，主轴必须准确停在某个固定的角度上。由此可知主轴准停是实现 ATC 过程的重要环节。通常主轴准停有两种方式，即机械式与电气式，如图 2-10 所示。

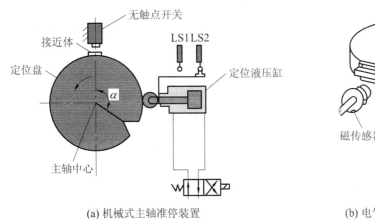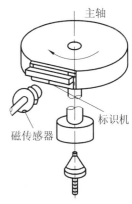

(a) 机械式主轴准停装置　　　　(b) 电气式主轴准停装置

图 2-10　主轴准停装置

机械式主轴准停装置采用机械凸轮机构或光电盘方式进行粗定位，然后由一个液动或气动的定位销插入主轴上的销孔或销槽实现精确定位，完成换刀后定位销退出，主轴才开始旋转。这种传统定位方法结构复杂，在早期数控机床上使用较多。

现代数控机床采用电气定位较多。电气定位一般有两种方式。一种是用磁传感器检测定位。如图 2-10(b)所示，在主轴上安装一个发磁体与主轴一起旋转，在距离发磁体旋转外轨迹 1～2 mm 处固定一个磁传感器，它经过放大器与主轴控制单元连接，当主轴需要定向时，便可停止在调整好的位置上。另一种是用位置编码器检测定位，是通过主轴电动机内置安装的位置编码器或在机床主轴箱上安装一个与主轴 1∶1 同步旋转的位置编码器来实现准停控制的，准停角度可任意设定，如图 2-11 所示。

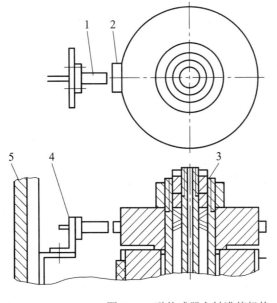

1—磁传感器；
2—发磁体；
3—主轴；
4—支架；
5—主轴箱

图 2-11　磁传感器主轴准停机构

试一试

在实训车间选一合适的数控设备的主轴部件进行拆装与调整训练。

二、 主轴部件的维护

(一) 主轴部件维护要点

(1) 熟悉数控机床主传动链的结构和性能参数，严禁超性能使用。

(2) 主传动链出现不正常现象时，应立即停机排除故障。

(3) 操作者应注意主轴箱温度，检查主轴润滑恒温油箱，调节温度范围，使油量充足。

(4) 使用带传动的主轴系统时，需定期观察调整主轴驱动皮带的松紧程度，防止因皮带打滑造成的丢转现象，具体需注意以下几点：

① 用手在垂直于 V 形带的方向上拉 V 带时，作用力必须在两轮中间。

② 拧紧电动机底座上的各安装螺栓。

③ 拧动调整螺栓移动电动机底座，使得 V 带具有适度的松紧度。

④ V 带轮槽必须清理干净，V 带轮槽沟内若有油、污物、灰尘等会使 V 带打滑，缩短 V 带的使用寿命。

⑤ 对于由液压系统平衡主轴重量的平衡系统，需要定期观察液压系统的压力表，当油压低于需求值时，要及时补油。

⑥ 使用液压拨叉变速的主传动系统时，必须在主轴停车后变速。

⑦ 使用齿合式电磁离合器变速的主传动系统时，离合器必须在低于 1～2 r/min 的转速下变速。

⑧ 注意保持主轴与刀柄连接部位及刀柄的清洁，防止对主轴的机械碰击。

⑨ 每年更换一次主轴润滑恒温油箱中的润滑油，并清洗过滤器。

⑩ 每年清理润滑油池底一次，并更换液压泵漏油器。

⑪ 每天检查主轴润滑恒温油箱，使其油量充足，工作正常。

⑫ 防止各种杂质进入润滑油箱，保持油液清洁。

⑬ 经常检查轴端及各处密封，防止润滑油液的泄漏。

⑭ 刀具夹紧装置长时间使用后，会使活塞杆和拉杆间的间隙变大，造成拉杆位移量减少，使得碟形弹簧张闭伸缩量不够，影响刀具的夹紧，故需及时调整液压缸活塞的位移量。

⑮ 经常检查压缩空气气压，并将其调节到标准值。足够的气压才能使主轴锥孔中的切屑和灰尘彻底被清理。

(二) 主轴部件的检测与维护

主轴部件常用的故障与维护方法如表 2-2 所示。

表 2-2 主轴部件常用的故障与维护方法

常见故障	产生原因	维护方法
切削振动大	主轴箱和床身连接螺钉松动	恢复精度后紧固连接螺钉
	主轴与箱体精度较差	修理主轴或箱体，使其配合精度、位置精度达到要求
	其他因素	检查刀具或切削工艺问题
	车床可能是由于转塔刀架运动部位松动或压力不够而未卡紧	调整修理
主轴箱噪声大	主轴部件动平衡不好	重新进行动平衡
	齿轮啮合间隙不均或严重损伤	调整间隙或更换齿轮
	带传动长度不够或过松	调整或更换传动带，不能新旧混用
	齿轮精度差	更换齿轮
	润滑不良	调整润滑油量，保持主轴箱的清洁度
主轴无变速	压力不够	检查并调整工作压力
	变挡液压缸研损或卡死	修去毛刺和研伤
	变挡电磁阀卡死	检修并清洗电磁阀
	变挡液压缸拨叉脱落	修复或更换
	变挡液压缸窜油或内泄	更换密封圈
	变挡复合开关失灵	更换开关
主轴不转动	保护开关没有压合或失灵	检修压合保护开关或更换
	主轴与电动机连接带过松	调整或更换连接带
	主轴拉杆未拉紧夹持刀具的拉钉	调整主轴拉杆拉钉结构
	卡盘未夹紧工件	调整或修理卡盘
	变挡复合开关损坏	更换复合开关
	变挡电磁阀体内泄漏	更换电磁阀
主轴发热	润滑油或有杂质	清洗主轴箱，更换新油
	冷却润滑油不足	补充冷却润滑油，调整供油量
刀具夹不紧	夹刀碟形弹簧位移量较小或拉刀液压缸动作不到位	调整碟形弹簧行程长度，调整拉刀液压缸行程
	刀具松夹弹簧上的螺母松动	拧紧螺母，使其最大工作载荷为 13 kN
刀具夹紧后不能松开	松刀弹簧压合过紧	拧松螺母，使其最大工作载荷不得超过 13 kN
	液压缸压力和行程不够	调整液压压力和活塞行程开关位置

（三）主轴准停装置的维护

1. 维护要点

主轴准停装置的维护要点如下：

(1) 经常检查插件和电缆有无损坏，使它们保持接触良好。

(2) 保持磁传感器上的固定螺栓和连接器上的螺钉紧固。

(3) 保持编码器上连接套的螺钉紧固，保证编码器连接套与主轴连接部分的合理间隙。

(4) 保证传感器的合理安装位置。

2. 主轴准停装置维护方法

主轴发生准停错误时大都无报警，只有在换刀过程中发生中断时才会被发现。发生主轴准停方面的故障应根据机床的具体结构进行分析处理，先检查电气部分，如确认正常后再考虑机械部分。机械部分结构简单，最主要的是连接。主轴准停装置常见故障维护方法如表 2-3 所示。

表 2-3　主轴准停装置常见故障与维护方法

常 见 故 障	产 生 原 因	维 护 方 法
主轴不准停	传感器或编码器损坏	换传感器或编码器
	传感器或编码器连接套上的紧定螺钉松动	紧固传感器或编码器的紧定螺钉
	插接件和电缆损坏或接触不良	更换或使之接触良好
	重装后传感器或编码器位置不准	调整元件位置或对机床参数进行调整
主轴准停位置不准	编码器与主轴的连接部分间隙过大，使旋转不准	调整间隙到指定值

三、主轴系统的故障维修案例

★ 案例 1：一台数控车床主轴启动后有异响。

【故障现象】 启动主轴有异响。

【故障分析与检查】手动起停主轴，发现主轴旋转时就有异响，转速越快响声频率越高，主轴停下后，响声也没有了。这台机床的主轴采用直流系统，对主轴系统进行检查，发现响声是主轴直流电机发出的，并有火花产生。对主轴直流电机进行检查，发现换向环已经被烧蚀，与电刷接触不良，所以电动机旋转时产生电火花，并伴随响声。

【故障处理】 对换向环进行处理，使其表面平整光滑，安装上后机床恢复正常运行。

★ 案例 2：主轴定位不良的故障维修。

【故障现象】 加工中心主轴定位不良，引发换刀过程发生中断。

【分析及处理过程】 某加工中心主轴定位不良，引发换刀过程发生中断。开始时，出现的次数不很多，重新开机后又能工作，但故障反复出现。经在故障出现后，对机床进行了仔细观察，才发现故障的真正原因是主轴在定向后发生位置偏移，且主轴在定位后如用手碰一下，主轴则会产生相反方向的漂移。检查电气单元无任何报警，该机床的定位采用的是编码器，从故障的现象和可能发生的部位来看，电气部分的可能性比较小；机械部分又很简单，最主要的是连接，所以决定检查连接部分。在检查到编码器的连接时发现编码器上连接套的紧定螺钉松动，使连接套后退造成与主轴的连接部分间隙过大使旋转不同步。将紧定螺钉按要求固定好后，故障消除。

注意： 发生主轴定位方面的故障时，应先根据机床的具体结构进行分析处理，先检查电气部分，若正常再考虑机械部分。

★ **案例3：** 变挡滑移齿轮引起主轴停转的故障维修。

【故障现象】 机床在工作过程中，主轴箱内机械变挡滑移齿轮自动脱离啮合，使主轴停转。

【分析及处理过程】 带有变速齿轮的主传动，采用液压缸推动滑移齿轮进行变速时，液压缸同时也锁住滑移齿轮。变挡滑移齿轮自动脱离啮合，主要是因液压缸内压力变化引起的。控制液压缸的 O 型三位四通换向阀在中间位置时不能闭死，液压缸前后两腔油路相渗漏，造成液压缸上腔推力大于下腔，使得活塞杆渐渐下移，逐渐使得滑移齿轮脱离啮合，造成主轴停转。更换新的三位四通换向阀后即可解决问题；或改变控制方式，采用二位四通换向阀，使液压缸一腔始终保持压力油。

★ **案例4：** 变挡不能啮合的故障维修。

【故障现象】 发出主轴箱变挡指令后，主轴处于慢速来回摇摆状态，一直挂不上挡。

【分析及处理过程】 为了保证滑移齿轮顺利啮合于正确位置，机床接到变挡指令后，在电气设计上指令主轴电动机带动主轴作慢速来回摇摆运动，此时如果电磁阀发生故障(阀芯卡孔或电磁铁失效)，油路不能切换，液压缸不动作，或者液压缸动作，反馈信号的无触点开关失效，滑移齿轮变挡到位后不能发出反馈信号，都会造成机床循环动作中断。更换新的液压阀或失效的无触点开关后，故障消除。

★ **案例5：** 变挡后主轴箱噪声大的故障维修。

【故障现象】 主轴箱经过数次变挡后，主轴箱噪声变大。

【分析及处理过程】 当机床接到变挡指令后，液压缸通过拨叉带动滑移齿轮移动。此时，相啮合的齿轮相互间必然发生冲击和摩擦。如果齿面硬度不够或齿端倒角、倒圆不好，或因变挡速度太快而使冲击过大，都将造成齿面破坏，主轴箱噪声变大。

【解决方法】 使齿面硬度大于 55HRC，认真做好齿端倒角、倒圆工作，调节变挡速度，减小冲击。

【知识梳理】

主轴部件 ┤
- 主轴轴承的配置形式
- 主轴内刀具的自动夹紧和切屑的清除
- 主轴的润滑与密封
- 主轴准停装置

主轴部件的维护 ┤
- 主轴部件维护要点
- 主轴部件的检测与维护
- 主轴准停装置的维护
- 主轴系统的故障维修案例

【学后评量】

1. 主轴部件润滑的方式有哪些？润滑的目的是什么？
2. 主轴润滑恒温箱中的润滑油多久需要更新一次？

3. 主轴箱噪声大的主要原因有哪些？

4. 造成主轴刀具夹不紧的原因是什么？

5. 主轴部件维护的要点有哪些？

6. 主轴部件常见的故障有哪些？可能的原因是什么？

7. 主轴准停位置不准的原因有哪些？如何调整？

课题三　刀库及换刀装置的维护

【学习目标】

1. 掌握理解机床刀库和换刀机械手的特点。

2. 掌握理解机床刀库和换刀机械手的维修要点。

3. 能对刀库换刀装置进行拆装与保养。

4. 能够排除刀库换刀装置由机械原因引起的故障。

【课题导入】

现代数控机床中除数控车床外，一般都是具有自动换刀装置的数控机床，如铣削中心、车铣中心等，一般采用刀库换刀，如图 2-12 所示。

图 2-12　数控机床刀库

想一想

到实训场地观察不同类型的数控机床刀库及换刀装置，想一想刀库种类有哪几种，如何实现自动换刀。

【知识链接】

一、刀库的结构特点

刀库系统是提供自动化加工过程中所需的储刀及换刀需求的一种装置；其自动换刀机构及可以储放多把刀具的功能改变了传统的以人为主的生产方式。在电脑程序的控制下，利用刀库系统可以完成各种不同的加工需求，如铣削、钻孔、镗孔、攻牙等，可以大幅缩短加工时程，降低生产成本，这是刀库系统的最大特点。

(一) 刀库系统的主要构件

刀库主要是提供储刀位置，并能依程序的控制，正确选择刀具加以定位，以进行刀具交换；换刀机构则是执行刀具交换的动作。近年来刀库已超越其为工具机配件的角色，在其特有的技术领域中发展出了符合工具机高精度、高效能、高可靠度及多工复合等概念的产品。其产品品质的优劣，关系到工具机的整体效能表现。

(二) 刀库的种类

针对不同的工具机，刀库的容量、布局形式也有所不同。根据刀库的容量、外形和取刀方式可将其分为以下几种。

1. 斗笠式刀库

斗笠式刀库(如图2-13所示)一般只能存16~24把刀具，在换刀时整个刀库向主轴移动。当主轴上的刀具进入刀库的卡槽时，主轴向上移动脱离刀具，这时刀库转动。当要换的刀具对准主轴正下方时主轴下移，使刀具进入主轴锥孔内，夹紧刀具后，刀库退回到原来的位置。

2. 圆盘式刀库

圆盘式刀库(如图 2-14 所示)通常应用在小型立式综合加工机上。圆盘式刀库俗称盘式刀库，其结构简单，由于刀具呈环形排列，因此空间利用率较低。圆盘式刀库的容量不大，一般用于刀具容量较少的刀库。

图 2-13　斗笠式刀库

图 2-14　圆盘式刀库

3．链条式刀库

链条式刀库(如图 2-15 所示)的特点是结构紧凑，刀库容量大，一般可储刀 20 把以上，有些可储放 120 把以上。它由链条将要换的刀具传到指定位置，由机械手将刀具装到主轴上。链环可以根据机床的布局配置成各种形状，也可将换刀位突出以利换刀。换刀动作均采用马达加机械凸轮结构，动作快速、可靠。

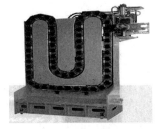

图 2-15　链条式刀库

4．格子盒式刀库

固定型格子盒式刀库(如图 2-16 所示)的刀具分几排直线排列，由纵、横向移动的取刀机械手完成选刀运动，将选取的刀具送到固定的换刀位置刀座上，由换刀机械手交换刀具。此刀库空间利用率高，容量大。非固定型格子盒式刀库由多个刀匣组成，可直线运动，刀匣可以从刀库中垂直提出。

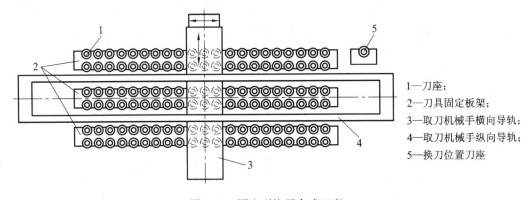

1—刀座；
2—刀具固定板架；
3—取刀机械手横向导轨；
4—取刀机械手纵向导轨；
5—换刀位置刀座

图 2-16　固定型格子盒式刀库

试一试

在实训老师指导下尝试换刀，仔细观察其有几种形式？刀具又是如何交换的？

二、自动换刀装置的形式

自动换刀装置是加工中心的重要执行元件，它的形式多种多样，目前有以下几种。

(一) 回转刀架换刀装置

数控机床使用的回转刀架是最简单的自动换刀装置，有四方刀架、六角刀架等，即在其上装有四把、六把或更多的刀具。回转刀架必须具有良好的强度和刚度，以承受粗加工的切削力，同时要保证回转刀架在每次转位的重复定位精度。换刀过程的主要动作是刀架分度和转位，机械结构简单，通常用于数控车床、数控车削中心等。回转刀架在数控车削中心的安装位置如图 2-17 所示。

图 2-17　回转刀架在数控车床上的应用

如图 2-18 所示为数控车床的六角回转刀架，它适用于盘类零件的加工。

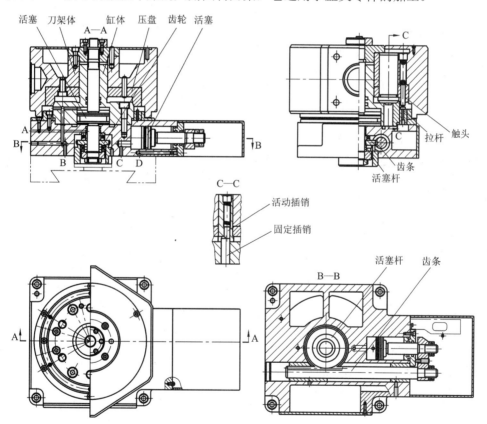

图 2-18　数控车床的六角回转刀架

六角回转刀架的全部动作由液压系统通过电磁换向阀和顺序阀进行控制，其换刀过程如下。

1. 刀架抬起

当数控装置发出换刀指令后，压力油由 A 进入压紧液压缸的下腔，活塞上升，刀架体抬起，使定位活动插销与固定插销脱离。同时，活塞杆下端的端齿离合器与空套齿轮结合。

2．刀架转位

当刀架抬起之后，压力油从 C 孔转入液压缸左腔，活塞向右移动，通过连接板带动齿条移动，使空套齿轮向逆时针方向转动，通过端齿离合器使刀架转过 60°。活塞的行程应等于齿轮节圆周长的 1/6，并由限位开关控制。

3．刀架压紧

刀架转位之后，压力油从 B 孔进入压紧液压缸的上腔，活塞带动刀架体下降。缸体的底盘上精确地安装六个带斜楔的圆柱固定插销，利用活动插销可消除定位销与孔之间的间隙，实现反靠定位。刀架体下降时，定位活动插销与另一个固定插销卡紧，同时缸体与压盘的锥面接触，刀架在新的位置定位并压紧。这时，端齿离合器与空套齿轮脱开。

4．转位液压缸复位

刀架压紧后，压力油从 D 孔进入转位油缸右腔，活塞带动齿条复位，由于此时端齿离合器已脱开，齿条带动齿轮在轴上空转。如果定位和压紧动作正常，则拉杆与相应的接触头接触，发出信号表示换刀过程已结束，可以继续进行切削加工。

回转刀架除了采用液压缸驱动转位和定位销定位外，还可以采用电动机–马氏机构转位和鼠盘定位，以及其他转位和定位机构。

（二）更换主轴头换刀

在带有旋转刀具的数控机床中，更换主轴头是一种简单的换刀方式。主轴头通常有卧式和立式两种，而且常用转塔的转位来更换主轴头，以实现自动换刀。如图 2-19 所示，在转塔的各个主轴头上，预先安装有各工序所需的旋转刀具。当发出换刀指令时，各主轴头依次地转到加工位置，并接通主轴运动，使相应的主轴带动刀具旋转，而其他处于不加工位置上的主轴都与主运动脱开。这种方式结构紧凑，换刀动作简单，时间少，在加工使用刀具不多时优越性明显，但刀具容量有限，转位时刀尖回转半径受到机床布局的限制，主轴的刚度差，而且回转刀架连同电动机、变速箱随进给系统运动，显得笨重，隔振、隔热都差，使用受到了许多限制。

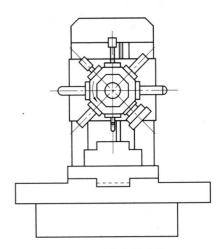

图 2-19　更换主轴头换刀

（三）带刀库的自动换刀系统

带刀库的自动换刀系统由刀库和刀具交换机构组成。首先把加工过程中需要使用的全部刀具分别安装在标准刀柄上，在机外进行尺寸预调整后，按一定的方式放入刀库中。换刀时先在刀库中进行选刀，并由刀具交换装置从刀库和主轴上取出刀具，交换刀具之后，将新刀具装入主轴，把旧刀具放回刀库。存放刀具的刀库具有较大的容量，它既可以安装在主轴箱的侧面或上方，也可作为单独部件安装到机床以外，并由搬运装置运送刀具。如图 2-20

所示为刀库与机床为整体式的数控机床，图 2-21 所示为机床为分体式的数控机床。

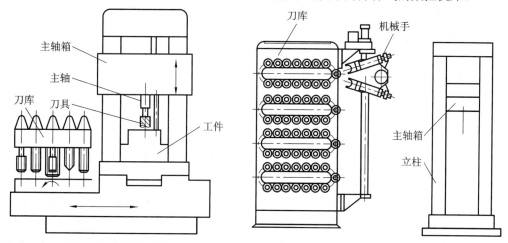

图 2-20　刀库与机床为整体式的数控机床　　　　图 2-21　机床为分体式的数控机床

　　采用这种自动换刀系统，需要增加刀具的自动夹紧、放松机构以及刀库运动及定位机构，常常还需要有清洁刀柄及刀孔、刀座的装置，因而结构较复杂。其换刀过程动作多、换刀时间长。同时，影响换刀工作可靠性的因素也较多。

　　为了缩短换刀时间，可采用带刀库的双主轴或多主轴换刀系统，如图 2-22 所示。由图可知，当水平方向的主轴在加工位置时，待更换刀具的主轴处于待换刀位置时，由刀具交换装置预先换刀，待本工序加工完毕后，转塔头回转并交换主轴(即换刀)。这种换刀方式，换刀时间大部分和机加工时间重合，只需转塔头转位的时间，所以换刀时间短，转塔头上的主轴数目较少，有利于提高主轴的结构刚度，刀库上刀具数目也可增加，对多工序加工有利。但这种换刀方式难以保证精镗加工所需要的主轴精度。因此，这种换刀方式主要用于钻床，也可以用于铣镗床和数控组合机床。

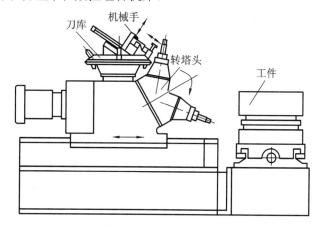

图 2-22　双主轴头换刀

三、刀具交换装置

　　数控机床刀具交换方式通常分为由刀库与机床主轴的相对运动实现刀具交换和采用机

械手交换刀具两类。刀具交换装置的工作方式和它们的具体结构对机床的生产效率和工作可靠性有直接的影响。

采用刀库与机床主轴的相对运动来实现刀具交换的装置在换刀时必须先将用过的刀具送回刀库，然后再从刀库中取出新刀具，因此换刀时间较长。

采用机械手进行刀具交换的方式应用较广，因为机械手换刀灵活、动作快，且结构简单。目前绝大多数的加工中心都使用的是记忆式的任选换刀方式。这种方式能将刀具号和刀库中的刀套位置(地址)对应地记忆在数控系统的 PC 中，不论刀具放在哪个刀套内都始终记忆着它的踪迹。刀库上装有位置检测装置，可以检测出每个刀套的位置，这样刀具就可以任意取出并送回。刀库上还设有机械原点，使每次选刀时就近选取，对于盘式刀库，每次选刀时正转或反转不会超过 180°。

在各种类型的机械手中，双臂机械手全面地体现了以上优点。如图 2-23 所示为双臂机械手中最常见的几种结构形式，分别是：钩手，如图 2-23(a)所示；抱手，如图 2-23(b)所示；伸缩手，如图 2-23(c)所示；杈手，如图 2-23(d)所示。这几种机械手能够完成抓刀、拔刀、回转、插刀以及返回等全部动作。为了防止刀具掉落，各机械手的活动爪都必须带有自锁结构。双臂回转机械手(图 2-23(a)、(b)、(c))的动作比较简单，而且能够同时抓取和装卸机床主轴和刀库中的刀具，因此换刀时间可以进一步缩短。图 2-23(d)所示的双臂回转机械手，虽不是同时抓取主轴和刀库中的刀具，但是换刀准备时间及将刀具送回刀库的时间(图中实线所示位置)与机械加工时间重合，因而换刀(图中双点画线所示位置)时间较短。

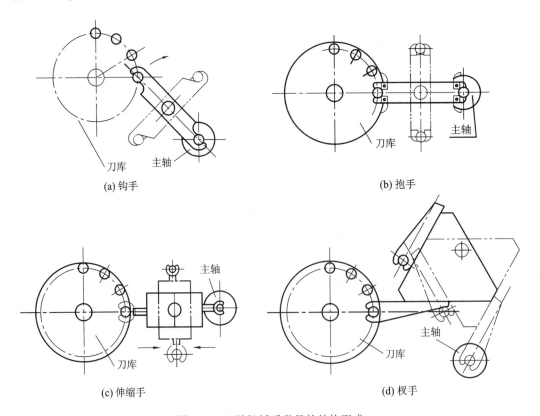

(a) 钩手　　　　　　　　　　　　　　(b) 抱手

(c) 伸缩手　　　　　　　　　　　　　(d) 杈手

图 2-23　双臂机械手常见的结构形式

四、刀库及换刀机械手的常见故障和维护

刀库及换刀机械手结构较复杂，且在工作中又频繁运动，所以故障率较高，目前机床上有 50% 以上的故障都与之有关，如刀库运动故障、定位误差过大、机械手夹持刀柄不稳定、机械手动作误差过大等。这些故障最后都会造成换刀动作卡位，整机停止工作，因此刀库及换刀机械手的维护十分重要。

(一) 刀库及换刀机械手的维护要点

(1) 严禁把超重、超长的刀具装入刀库，防止在机械手换刀时掉刀或刀具与工件、夹具等发生碰撞。

(2) 顺序选刀时必须注意刀具放置在刀库中的顺序要正确，选择其他选刀方式时也要注意所换刀具是否与所需刀具一致，防止换错刀具导致事故发生。

(3) 用手动方式往刀库上装刀时，要确保装到位，装牢靠，并检查刀座上的锁紧装置是否可靠。

(4) 经常检查刀库的回零位置是否正确，检查机床主轴回换刀点位置是否到位，发现问题要及时调整，否则不能完成换刀动作。

(5) 要注意保持刀具刀柄和刀套的清洁。

(6) 开机时，应先使刀库和机械手空运行，检查各部分工作是否正常，特别是行程开关和电磁阀能否正常动作。检查机械手液压系统的压力是否正常，刀具在机械手上锁紧是否可靠，发现不正常时应及时处理。

(二) 刀库和换刀机械手的常见故障及其维护

刀库和换刀机械手的常见故障及其维护如表 2-4 所示。

表 2-4　刀库和换刀机械手的常见故障及其维护表

常见故障	产　生　原　因	维　护　方　法
转塔刀架没有抬起动作	控制系统是否有 T 指令输出信号	如未能输出，请维修排除
	抬起电磁铁断线或抬起阀卡死	修理或清除污物，更换电磁阀
	压力不够	检查油箱并重新调整压力
	抬起液压缸研损或密封圈损坏	修复研损部分或更换密封圈
	与转塔抬起部分连接的机械部件研损	修复研损部分或更换零件
转塔转位速度缓慢或不转位	检查是否有转位信号输出	检查转位继电器是否吸合
	转位电磁阀断线或阀杆卡死	更换或修理
	压力不够	检查是否发生了液压故障，调整到额定压力
	转位速度节流阀是否卡死	清洗节流阀或更换
	液压泵研损卡死	检修或更换液压泵
	凸轮轴压盖过紧	调整调节螺钉

续表一

常见故障	产生原因	维护方法
转塔转位速度缓慢或不转位	抬起液压缸体与转塔平面产生摩擦、研损	松开连接盘进行转位试验；取下连接盘配磨平面轴承下的调整垫片，并使相对间隙保持在 0.04 mm
	安装附件不配套	重新调整附件安装，减少转位冲击
转塔转位时碰牙	抬起速度太快或抬起延时太短	调整抬起延时参数，增加延时时间
转塔不正位	转位盘上的撞块与选位开关松动，使转位塔到位时传输信号超期或滞后	拆下护罩，使转塔处于正位状态，重新调整撞块与选位开关的位置并紧固
	上下连接盘与中心轴花键间隙过大产生位移偏差大，落下时易碰牙顶，引起不到位	重新调整连接盘与中心轴的位置；间隙过大可更换零件
	转位凸轮与转位盘间隙大	用塞尺测试滚轮与凸轮间的间隙，将凸轮调至中间位置；转塔左右窜量保持在两齿中间，确保落下时顺利咬合；转塔抬起时用手摆动，摆动量不超过两齿的 1/3
	凸轮在轴上窜动	调整并紧固固定转位凸轮的螺母
	转位凸轮轴的轴向预紧力过大或有机械干涉，使转塔不到位	重新调整预紧力
转塔转位不停	两计数器开关不同时计数或复置开关损坏	调整两个撞块的位置及两个计数开关的计数延时，修复复置开关
	转塔上的 24 V 电源断线	接好电源线
转塔刀重复定位精度差	液压夹紧力不足	检查压力并将其调到额定值
	上下牙盘受冲击，定位松动	重新调整固定
	两牙盘间有污物或滚针脱落在牙盘间	清除污物，保持转塔清洁，检修更换滚针
	转塔落下夹紧时有机械干涉	检查排除机械干涉
	夹紧液压缸拉毛或研损	检修拉毛研损部分，更换密封圈
	转塔座落在二层滑板上，由于压板和楔铁配合不牢产生运动偏大	调整压板和楔铁的配合，以 0.04 mm 塞尺不进为准
刀具不能夹紧	风泵气压不足	使风泵气压控制在额定范围内
	增压漏气	关紧增压
	刀具卡紧液压缸漏油	更换密封圈，使卡紧液压缸不漏油
	刀具松卡弹簧上的螺母松动	旋紧螺母
刀具夹紧后不能松开	松锁刀的弹簧压力过紧	调节松锁弹簧上的调节螺母，使其最大载荷不超过额定值
刀套不能夹紧刀具	检查刀套上的调节螺母	顺时针旋转刀柄两端的调节螺母，压紧弹簧，顶紧卡紧销

续表二

常见故障	产　生　原　因	维　护　方　法
刀具从机械手中脱落	刀具超重，机械手卡紧销损坏	刀具不得超重，更换机械手卡紧销
机械手换刀速度过快或过慢	气压或换刀气阀流开口太大或太小	调整气泵的压力和流量，旋转节流阀至换刀速度合适
换刀时找不到刀	刀位编码用组合选择开关、接近开关等元件损坏、接触不好或灵敏度降低	更换损坏元件

五、自动换刀装置故障维修案例

★ **案例 1：**

【故障现象】　自动换刀时刀链运转不到位，刀库就停止运转了，机床自动报警。

【分析及处理过程】　采用链式刀库，配套的系统为 SIEMENS 840D。由上述故障查报警知道是刀库伺服电动机过载。检查电气控制系统，没有发现什么异常，问题应该发生在机械传动或其他方面：① 刀库链或减速器内有异物卡住；② 刀库链上的刀具太重；③ 润滑不良。经过检查上述三项正常。卸下伺服电动机，发现伺服电动机内部有许多切削液，致使线圈短路所致。观察原因是电动机与减速器连接处的密封圈磨损，从而导致切削液渗入电动机。更换密封圈和伺服电动机后，故障排除。

★ **案例 2：**

【故障现象】刀架找不到 4 号刀位。

【分析及处理过程】　该刀架在换 4 号刀时旋转不停，其他刀位正常，很有可能是 4 号刀位检测开关有问题。查看 PLC 状态，对应输入点在刀架转过时无状态变化，用万用表测量，霍尔元件工作电压正常，但输出电压无变化。证实是检测开关故障，将相应霍尔元件拆下更换，故障排除。

★ **案例 3：**

【故障现象】　某加工中心采用凸轮机械手换刀，换刀过程中，动作中断，发出报警，显示机械手伸出故障。

【分析及处理过程】　根据报警内容，机床是因为无法执行下一步"从主轴和刀库中拔出刀具"，而使换刀过程中断并报警。

机械手未能伸出完成从主轴和刀库中拔刀动作，产生故障的原因可能有：

(1) "松刀"感应开关失灵。在换刀过程中，各动作的完成信号均由感应开关发出，只有上一动作完成后才能进行下一个动作。第 3 步为"主轴松刀"，如果感应开关未发出信号，则机械手"拔刀"就不会动作。检查两感应开关，信号正常。

(2) "松刀"电磁阀失灵。主轴的"松刀"是由电磁阀接通液压缸来完成的。如电磁阀失灵，则液压缸未进油，刀具就"松"不了。检查主轴的"松刀"电磁阀动作均正常。

(3) "松刀"液压缸因液压系统压力不够或漏油而不动作，或行程不到位。检查刀库松刀液压缸，动作正常，行程到位；打开主轴箱后罩，检查主轴松刀液压缸，发现也已达到松刀位置，油压也正常，液压缸无漏油现象。

(4) 机械手系统有问题，建立不起"拔刀"条件。其原因可能是电动机控制电路有问题。检查电动机控制电路系统是否正常。

(5) 主轴系统有问题。刀具是靠碟形弹簧通过拉杆和弹簧卡头而将刀具柄尾端的拉钉拉紧；松刀时，液压缸的活塞杆顶压顶杆，顶杆通过空心螺钉推动拉杆，一方面使弹簧卡头松开刀具的拉杆，另一方面又顶动拉钉，使刀具右移而在主轴锥孔中变松。

主轴系统不松刀的原因估计有以下五点：

① 刀具尾部拉钉的长度不够，致使液压缸虽已经运动到位，而未将刀具顶"松"；

② 拉杆尾部空心螺钉的位置起了变化，使液压缸行程满足不了"松刀"的要求；

③ 顶杆出了问题，已变形或磨损；

④ 弹簧卡头出现故障，不能张开；

⑤ 主轴装配调整时，刀具移动量调得太小，致使在使用过程中一些综合因素导致不能满足"松刀"条件。

【处理方法】 拆下"松刀"液压缸，检查发现这一故障系制造装配时，空心螺钉的"伸出量"调整得太小，故"松刀"液压缸行程到位，而刀具在主轴锥孔中"压出"不够，刀具无法取出。调整空心螺钉的"伸出量"，保证在主轴"松刀"液压缸行程到位后，刀柄在主轴锥孔中的压出量为 0.4～0.5 mm。经以上调整后，故障排除。

★ 案例 4：

【故障现象】 SAG210/2NC 数控车床刀架电动机起不动，刀架不能动作。

【分析及处理过程】 该故障产生的原因可能是电动机相位接反或电源电压偏低，但调整电动机相位线及电源电压后，故障不能排除，说明故障为机械原因所致。将电动机罩卸下，旋转电动机风叶，发现阻力过大。拿开电动机进一步检查发现，蜗杆轴承损坏，电动机与蜗杆离合器质量差，使电动机出现阻力。更换轴承，修复离合器后，故障排除。

★ 案例 5：

【故障现象】 某型号数控机床在自动换刀时发现主轴"松刀"动作缓慢，换刀时间由正常的 5 s 变为 9 s，导致机床加工效率降低。

【分析及处理过程】 ① 气动系统压力太低或流量不足；② 主轴"拉刀"系统连接发生故障；③ 主轴"松刀"气缸出现了问题。按上述分析，首先检查气压，发现工作压力为0.06 MPa，工作压力正常，再检查"拉刀"系统也符合安装要求，此时，将机床进行手动主轴"松刀"操作，又发现系统压力明显下降，而气缸的活塞杆缓慢伸出，据此断定气缸内部存在漏气现象。打开气缸，认真检查后发现密封环已经损坏，气缸内壁拉毛，更换后，自动换刀时主轴"松刀"动作恢复正常，故障排除。

★ 案例 6：

【故障现象】 肖特(SAUTER)刀架锁不紧。

【分析及处理过程】 通过对该刀架换刀过程的分析知道，刀架要锁紧，需要两个条件，即：① 上下刀体鼠牙齿啮合；② 电机抱闸锁紧。后经检查，抱闸的刹车片太光滑，摩擦力不够，导致刀架锁不死，对抱闸部分进行吹砂处理，使其摩擦力增大，机床修复。

【知识梳理】

刀库的结构特点
- 刀库系统的主要构件
- 刀库的种类
  - 斗笠式刀库
  - 圆盘式刀库
  - 链条式刀库
  - 格子盒式刀库

自动换刀装置的形式
- 回转刀架换刀
- 更换主轴头换刀
- 带刀库的自动换刀系统

刀具交换装置
- 刀库与机床主轴的相对运动实现刀具交换
- 机械手交换刀具

刀库及换刀机械手的常见故障和维护
- 刀库及换刀机械手的维护要点
- 刀库的换刀机械手的常见故障及其维护
- 自动换刀装置故障维修案例

【学后评量】

1. 刀库的种类有哪些？
2. 自动换刀装置的作用是什么？
3. 自动换刀装置有哪几种形式？
4. 刀具从机械手中脱落的原因是什么？
5. 刀具不能夹紧的原因有哪些？
6. 在刀具交换过程中发现刀具在主轴里拔不出来，可能的原因有哪些？
7. 简述刀库与换刀机械手的维护要点。
8. 自动换刀装置的常见故障有哪些？

课题四　滚珠丝杠螺母副的维护

【学习目标】

1. 理解滚珠丝杠螺母副结构、工作原理及特点。
2. 了解滚珠丝杠螺母副的调整和安装。
3. 掌握滚珠丝杠螺母副的常见故障及维护方法。

【课题导入】

在生活中，数控车床加工已经很普遍了，那加工过程中要注意哪些问题呢？

想一想

1. 数控车床加工有哪些步骤?
2. 平常加工过程中会出现哪些情况?

试一试

　　体验一下螺母螺杠,看一下螺旋运动特征是将回转运动转变为直线运动还是既回转又直线运动呢?

【知识链接】

　　数控机床进给传动系统的任务是实现执行机构(刀架、工作台等)的运动。大部分数控机床的进给系统是由伺服电机经过联轴器与滚珠丝杠直接相连,然后由滚珠丝杠螺母副驱动工作台运动,其机械结构比较简单,滚珠丝杠螺母副是直线运动与回转运动能相互转换的传动装置。

一、滚珠丝杠螺母副的结构与工作原理

　　滚珠丝杠螺母副是数控机床进给系统的重要传动部件,它将进给电动机的旋转运动转换为刀架或工作台的直线运动。滚珠丝杠螺母副由丝杠、螺母、滚珠及反向器等组成,丝杠螺母上加工有弧形螺旋槽,将丝杠和螺母套在一起形成螺旋式滚道。在滚道内填满滚珠,当丝杠相对于螺母旋转时,二者发生相对轴向位移,而滚珠则沿着滚道滚动。螺母螺旋槽的两端用回珠管连接起来,使滚珠能周而复始地循环运动,管道的两端还起着挡珠的作用,以防滚珠从滚道掉出。数控机床进给运动系统的任务是实现执行机构(刀架、工作台等)的运动,进给运动系统的故障大部分是由运动质量下降造成的。如机械执行部件不能到达规定位置,运动中断,定位精度下降,反向间隙过大,机械出现爬行,轴承磨损严重,噪声过大,机械摩擦力过大等。

　　在数控机床上,要将回转运动转换成直线运动一般都采用滚珠丝杠螺母机构。它具有摩擦阻力少、传动效率高、运动灵敏、无爬行现象以及可进行预紧、可实现无间隙运动、传动刚度好、反向时无空程死区等特点。

(一) 滚珠丝杠螺母副结构

　　滚珠丝杠螺母副的结构有内循环和外循环两种方式。图 2-24 所示为外循环方式的滚珠丝杠螺母副结构,它由丝杠 1、滚珠 2、回珠管 3 和螺母 4 组成。在丝杠 1 和螺母 4 上各加工有圆弧形螺旋槽,将它们套装起来便形成了螺旋形滚道,在滚道内装满滚珠 2。当丝杠相对于螺母旋转时,丝杠的旋转面经滚珠推动螺母轴向移动,同时滚珠沿螺旋形滚道滚动,

使丝杠和螺母之间的滑动摩擦转变为滚珠与丝杠、螺母之间的滚动摩擦。螺母螺旋槽的两端用回珠管 3 连接起来，使滚珠能够从一端重新回到另一端，构成一个闭合的循环回路。

图 2-25 所示为内循环方式的滚珠丝杠螺母副结构。在螺母的侧孔中装有圆柱凸轮式反向器，反向器上铣有 S 形回珠槽，将相邻两螺纹滚道连接起来。滚珠从螺纹滚道进入反向器，借助反向器迫使滚珠越过丝杠牙顶进入相邻滚道，实现循环。

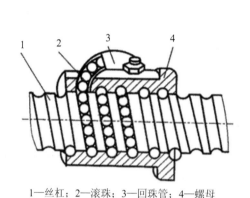

1—丝杠；2—滚珠；3—回珠管；4—螺母

图 2-24　外循环滚珠丝杠螺母副

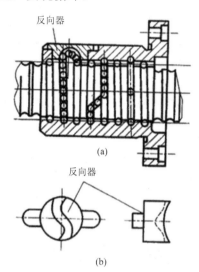

图 2-25　内循环滚珠丝杠螺母副

(二) 滚珠丝杠螺母副的工作原理

在丝杠和螺母上都有圆弧形螺旋槽，将它们对合起来就形成了螺旋滚道。在滚道内装有滚珠，当丝杠与螺母相对运动时，滚珠沿螺旋槽向前滚动，在丝杠上滚过数圈以后通过回程引导装置又逐个地滚回到丝杠和螺母之间，构成一个闭合回路。

(三) 滚珠丝杠螺母副的特点

滚珠丝杠螺母副是目前中、小型数控机床使用最为广泛的传动形式。具有以下特点：

(1) 摩擦因数小(0.002~0.005)，传动效率高(92%~96%)，所需传动转矩小。

(2) 可通过预紧和间隙消除措施提高传动刚度和反向精度。

(3) 摩擦阻力小，而且几乎与运动速度无关，动、静摩擦力的变化也很小，不易产生低速爬行现象，并且灵敏度高，传动平稳，随动精度和定位精度高。

(4) 长期工作磨损小，使用寿命长，精度保持性好。

(5) 运动具有可逆性，不仅可以将旋转运动变为直线运动，也可将直线运动变为旋转运动；但不能实现自锁，当用在垂直传动或水平放置的高速大转动惯量传动中心时，必须装有制动装置(使用具有制动装置的伺服驱动电动机是最简单的方法)。

(6) 为了防止安装、使用时螺母脱离丝杠滚道，在机床上还必须配置超程保护装置，这一点对于高速加工数控机床来说尤为重要。

(7) 制造工艺复杂，成本高。

二、滚珠丝杠螺母副的调整与安装

想一想

1. 生活中，面条是由摇面机生产的，衣服的布料是由纺织机生产的，那么我们经常见的螺栓、螺母、齿轮、轴等零件是用什么机器，通过什么方法加工得到的呢？

2. 你还知道哪些加工产品的机器设备？

3. 日常生活中哪些机器设备是用于进行切削加工的？

试一试

用小刀削铅笔，体会一下刀每次切削的厚度、刀与铅笔的运动、用力的方向等。

（一）滚珠丝杠螺母副的调整

为了保证滚珠丝杠螺母副的反向传动精度和轴向刚度，必须消除轴向间隙。常采用双螺母施加预紧力的办法来消除轴向间隙，但必须注意预紧力不能太大，预紧力过大会造成传动效率降低、空载力矩增大、摩擦力增大、磨损增大、使用寿命降低。

1. 常用的双螺母消除间隙方法

1) 垫片调整间隙法

如图 2-26 所示，调整垫片厚度使左右两个螺母产生轴向位移，可消除间隙并产生预紧力。其结构简单，刚性好，但调整不便，滚道有磨损时，不能随时消除间隙和进行预紧。

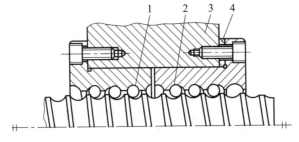

1、2—单螺母；
3—螺母座；
4—调整垫片

图 2-26　垫片调整间隙法

2) 齿差调整间隙法

如图 2-27 所示，在两个螺母的凸缘上各制有一个圆柱外齿轮，分别与紧固在套筒两端的内齿圈相啮合，其齿数分别是 a 和 b 并相差一个齿，调整时，应先取下内齿圈，让两个螺母相对于套筒同方向转动一个齿，然后再插入内齿圈，两个螺母便产生相对角位移，其轴向位移量 $X = 1/a - 1/b$。这种调整方法能精确调整预紧量，调整方便、可靠，但结构尺寸较大，多用于高精度的传动。

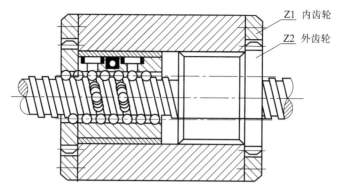

图 2-27 齿差调整间隙法

3) 螺纹调整间隙法

如图 2-28 所示，左侧螺母上有凸缘，右侧螺母上有螺纹，两个螺母之间用平键连接，以限制螺母在螺母座内的转动。调整时，拧紧圆螺母 1 就可以使左、右侧螺母产生相对轴向位移，在消除间隙之后再用圆螺母 2 将其锁紧。这种方法结构简单、紧凑，调整方便但调整精度较差。

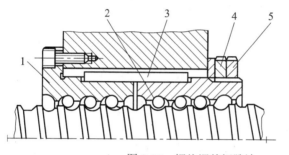

1、2—单螺母；
3—平键；
4—调整螺母；
5—锁紧螺母

图 2-28 螺纹调整间隙法

2. 单螺母消隙法

1) 变位导程式

如图 2-29 所示，在滚珠螺母内的两列循环滚珠链之间使螺母上的滚道在轴向产生一个 ΔL_0 的导程突变量，从而使两列滚珠轴向错位，实现预紧。其消隙原理与双螺母垫片预紧相似，相当于在两个螺母中间插入一个厚度为 ΔL_0 的垫片，然后将两个螺母及中间的垫片连成一体。这种调隙方法结构简单，但负荷量需预先设定且不能改变。

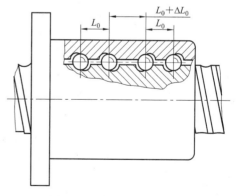

图 2-29 单螺母变位导程式

2) 钢球增大式

如图 2-30 所示，在滚珠丝杠螺母副调整时，需拆下滚珠螺母，精确测量原装钢球的直径，然后根据预紧力的大小和需要，重新更换所需规格的钢球。此方法一般适用于滚道为双圆弧形状的滚珠丝杠，其特点是不需要任何附加预紧机构。

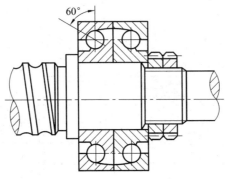

图 2-30　滚珠丝杠用 60°角接触球轴承

3) 单螺母螺钉预紧消隙

如图 2-31 所示，螺母在专业工厂完成精磨之后，沿径向开一薄槽，通过内六角调整螺钉实现间隙的调整和预紧。单螺母螺钉结构不仅具有很好的性能价格比，而且间隙的调整和预紧也极为方便。

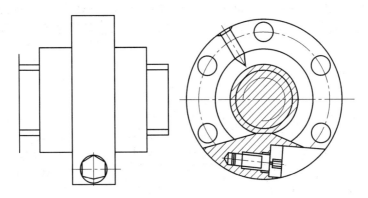

图 2-31 锁紧螺母消隙

（二）滚珠丝杠螺母副的安装

滚珠丝杠螺母副所承受的主要是轴向载荷。它的径向载荷主要是卧式丝杠的自重。安装时，要保证螺母座的孔与工作螺母之间的良好配合，并保证孔与端面的垂直度等，主要是根据载荷的大小和方向选择轴承。另外，安装和配置的形式还与丝杠的长短有关，当丝杠较长时，采用两支撑结构，当丝杠较短时，采用单支撑结构，如图 2-32 所示。

图 2-32(a)：一端固定，一端自由，适用于短丝杠及垂直丝杠。

图 2-32(b)：一端固定，一端浮动，一端同时承

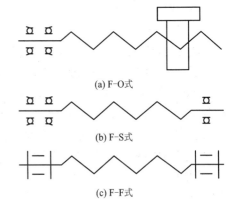

(a) F-O 式

(b) F-S 式

(c) F-F 式

图 2-32　滚珠丝杠两端支撑形式

受轴向力和径向力，另一端只承受径向力。当丝杠受热伸长时，可以通过一端做微量的轴向浮动。

图 2-32(c)：两端固定的支撑形式。通常在它的一端装有碟形弹簧和调整螺母，这样既能对滚珠丝杠施加预紧力，又能在丝杠热变形后保持不变的预紧力。

(三) 消除滚珠丝杠间隙的方法

滚珠丝杠凭借其高质量、经济适用的特点，逐渐成为机械转动不可缺少的转动元件。那么丝杠在转动中为什么会有间隙，应该怎么去预防或是消除间隙呢？

1．无预压或预压不足

无预压的滚珠丝杠垂直放置时，螺帽会因本身的重量而造成转动顺着丝杠往下滑；无预压的丝杠间会有间隙存在，因此只能用于较小操作阻力的机器，但主要的顾虑是定位的精度不准确。对于不同的机器应确定其正确的预压量，出货前应调试好预压，因此在订购滚珠丝杠前应确认机器的操作指标与提供的滚珠丝杠预压指数是否一致。

2．扭转位偏移太大

(1) 材质选用不当。

(2) 热处理不当，硬化层太薄，硬度分布不均或材质太硬；钢珠、螺母、丝杠的标准硬度分别为 HRC-62～66、HRC58～62、HRC56～66。

(3) 不当的设计或细长比(Slender ratio)太大。丝杠的细长比越小刚性越高，细长比必须在 60 以下，如果细长比太大，丝杠会产生自动下垂。

3．轴承选用不当

通常滚珠丝杠必须搭配斜角轴承，尤其是以高压力角设计的轴承为较佳的选择；当滚珠丝杠承受轴向负载时，一般的深沟滚珠轴承会产生一定量的轴向间隙，因此深沟滚珠轴承并不适用于此。

4．轴承安装不当

(1) 若轴承安装于滚珠丝杠而二者贴合不确实(没有完全吻合)，在承受轴向负载的情况下会导致背隙的产生，这种情形可能是由于丝杠肩部太长或太短。

(2) 轴承承靠面与锁定螺帽 V 形牙轴心的垂直度不佳，或是两个对应方向的锁定螺帽面平行度不佳，会导致轴承的倾斜；因此丝杠肩部的锁定螺帽 V 形牙与轴承承靠面必须同时加工，才能确保垂直度，如果以研磨方式加工会更好。

(3) 应以两个锁定螺帽搭配弹簧垫圈来固定轴承，以防止运输中脱落。

5．螺帽座或轴承座刚性不足

如果螺帽座或是轴承座刚性不足，原件本身的重量或机器的负载会使其产生倾斜。

6．螺帽座或轴承座安装不当

(1) 由于震动或未加固定销，使得元件松脱，应以实心销取代弹簧销运到定位目的地。

(2) 因固定螺丝太长或是螺帽座螺孔太浅，导致螺帽固定螺丝无法锁紧。

(3) 由于震动或是缺少弹簧垫圈导致固定螺帽螺丝松脱。

7．支撑座的表面平行度或平面度超出公差范围

不论结合元件表面是研磨或是铲花，只要其平行度或平面度超出公差范围，床台运动时的位置重现精度就会有偏差，因此，一部机器中，通常在支撑座与机台本体间以薄垫片

来达到调整的目的。

8．马达与滚珠丝杠结合不当

(1) 联轴器结合不牢固或本身刚性不佳，会使丝杠和马达间产生转动差。

(2) 若机器不适合以齿轮驱动，或驱动结构不是刚体，可用时规皮带来驱动以防止产生滑动。

(3) 键的松动，或键、键槽间的任何不当搭配，都会使这些元件产生间隙。

三、滚珠丝杠螺母副常见故障

(一) 滚珠丝杠副在运行中产生的故障现象及具体原因

【故障现象 1】 反向间隙大，定位精度差，加工零件尺寸不稳定。

滚珠丝杠副(如图 2-33 所示)及其支撑系统由于长时间运行产生的磨损间隙，将直接影响数控机床的传动精度和刚性。一般的故障现象有反向间隙大、定位精度不稳定等。根据磨损具体产生的位置，故障原因可分为以下几类：

(1) 滚珠丝杠支撑轴承磨损或轴承预加负荷垫圈不合适。

(2) 滚珠丝杠双螺母副(见图 2-34)产生间隙、滚珠磨损。

(3) 滚珠丝杠单螺母副由于磨损产生间隙。

(4) 螺母法兰盘与工作台之间没有固定牢靠，产生间隙等。

【故障现象 2】 滚珠丝杠副运动不平稳，噪音过大。

故障原因可分为以下几类：

(1) 伺服电机驱动参数未调整好。

(2) 丝杠螺母润滑不良。

(3) 滚珠丝杠弯曲变形。

(4) 滚珠有破损。

(5) 丝杠与导轨不平行。

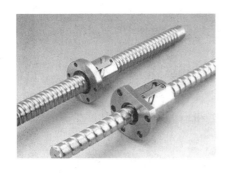

图 2-33　滚珠丝杠副　　　　　　　　　　图 2-34　滚珠丝杠螺母副

(二) 滚珠丝杠副的两种故障实例分析

★ 案例 1：机床机械抖动。

【故障现象】 某数控机床在 Z 向移动时有明显的机械抖动。

【故障分析】　该机床在 Z 向移动时，明显感受到有机械抖动。在检查系统参数无误后，将 Z 轴电机卸下，单独转动电动机，电动机运行平稳后，用手转动丝杠，振动手感明显。拆下 Z 轴丝杠防护罩，发现滚珠丝杆上有很多小铁屑及脏物，初步判断为丝杠故障引起的机械抖动。拆下滚珠丝杠副，打开丝杠螺母，发现螺母反向器内有很多小铁屑及脏物，造成钢珠运转不流畅，用煤油认真清洗，清除杂物后，重新安装，调整好间隙。此时，故障排除。

★　案例 2：机床交流伺服出现报警。

【故障现象】　某卧式加工中心，手动操作 Y 轴时，Y 轴有振动和异常响声，系统屏幕出现 400 号报警。

【故障分析】　这种报警开始是一天或几天一次，后来是每隔几个小时就有报警。该机床是 FANUC 系统的，400 号报警表示伺服电机或伺服放大器过热，用电流表检查发现 Y 轴负荷电流很大，通过交换法，发现系统驱动电机并没有损坏；检查 Y 轴机械部分，发现 Y 轴滚珠丝杠轴承发烫，用手转动丝杠，发现丝杠的阻力很大，加点润滑油(滚珠丝杠润滑油脂)再转动丝杠，发现丝杠阻力小多了，最终判断是丝杠润滑不够引起的故障。打开控制油泵的 PLC 程序，发现 PLC 程序编写的是每次开机的时候给油泵润滑一次；修改 PLC 程序，给油泵每小时润滑一次。此后，故障消除。

四、滚珠丝杠螺母副的维护

(一) 滚珠丝杠螺母副的润滑

滚珠丝杠润滑不良可同时引起数控机床多种进给运动的误差，因此，滚珠丝杠润滑是维护的主要内容。

使用润滑剂可提高滚珠丝杠耐磨性及传动效率。润滑剂可分为润滑油和润滑脂两大类。润滑油一般为全损耗系统用油，润滑脂可采用锂基润滑脂。润滑脂一般加在螺纹滚道和安装螺母的壳体空间内，而润滑油则是经过壳体上的油孔注入螺母的空间内。每半年更换一次滚珠丝杠上的润滑脂，清洗丝杠上的旧润滑脂，涂上新的润滑脂，用润滑油润滑的滚珠丝杠副可在每次机床工作前加油一次。

(二) 丝杠支承轴承的定期检查

定期检查丝杠支承与床身的连接是否松动，连接件是否损坏，以及丝杠支承轴承的工作状态与润滑状态。如有故障要及时紧固松动部位并更换支承轴承。

(三) 滚珠丝杠螺母副的防护

1. 定期检查滚珠丝杠螺母副的轴向间隙

为了保证滚珠丝杠的传动精度和轴向刚度，必须消除滚珠丝杠螺母副的轴向间隙。除了少数用微量过盈滚珠的单螺母消除间隙外，常采用双螺母结构，利用两个螺母的相对轴向位移，使两个滚珠丝杠螺母中的滚珠分别贴紧在螺旋滚道的两个相反的侧面上。用这种方法预紧消除轴向间隙时，应注意预紧力不宜过大，否则会使空载力矩增加，从而降低传动效率，缩短使用寿命。一般情况下可以用控制系统自动补偿来消除间隙。当间隙过大时，可以通过调整滚珠丝杠螺母副来保证。CNC 数控机床滚珠丝杠螺母副多数采用双螺母结构，可以通过双螺母预紧消除间隙。

2. 定期检查丝杠防护罩

为了防止尘埃和磨粒黏结在丝杠表面，影响丝杠使用寿命和精度，若发现丝杠防护罩破损应及时维修和更换。滚珠丝杠副和其他滚动摩擦的传动器件一样，应避免硬质灰尘或切屑污物进入，因此，必须装有防护装置。如果滚珠丝杠副在机床上外露，则应采用封闭的防护罩，如采用螺旋弹簧钢带套管、伸缩套管安装时，应将防护罩的一端连接在滚珠螺母的侧面，另一端固定在滚珠丝杠的支承座上。如果滚珠丝杠副处于隐蔽的位置，则可采用密封圈防护，密封圈装在螺母的两端。接触式的弹性密封圈采用耐油橡胶或尼龙制成，其内孔做成与丝杠螺纹滚道相配的形状；接触式密封圈的防尘效果好，但由于存在接触压力，摩擦力矩略有增加。非接触式密封圈又称迷宫式密封圈，它采用硬质塑料制成，其内孔与丝杠螺纹滚道的形状相反，并稍有间隙，这样可避免摩擦力矩，但防尘效果差。工作中应避免碰击防护装置，防护装置一旦有损坏应及时更换。

3. 定期检查伺服电动机与滚珠丝杠之间的连接

数控机床伺服电动机与滚珠丝杠之间必须保证无间隙。

【知识梳理】

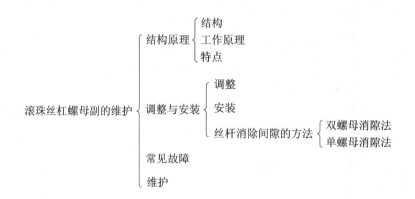

【学后评量】

1. 滚珠丝杠的结构有哪些？
2. 滚珠丝杠的工作原理是什么？
3. 双螺母消除间隙的方法有哪些？
4. 单螺母消除间隙的方法有哪些？
5. 滚珠丝杠是如何进行润滑的？

课题五　导轨副的维护

【学习目标】

1. 了解数控机床导轨副的结构特点。
2. 掌握数控机床导轨副的维护内容。
3. 掌握数控机床导轨副的故障诊断方式。
4. 掌握数控机床导轨副的故障分析和排除方法。

【课题导入】

在数控机床实训课中，我们了解到数控机床导轨的精度对工件的加工精度和质量有着重要的影响。当数控机床的导轨副出现问题时，经常出现一些报警现象。那么在哪些情况下机床会报警呢？

想一想

1. 你能说说数控机床的导轨副有哪些形式吗？
2. 你知道哪些情况下导轨副会出现故障吗？

【知识链接】

一、数控机床导轨副的结构特点

导轨副是机床的重要部件之一，它在很大程度上决定了数控机床的刚度、精度和精度保持性。

数控机床导轨必须具有较高的导向精度、刚度、耐磨性，机床在高速进给时不振动、低速进给不爬行等特性。

目前数控机床使用的导轨主要有三种：贴塑滑动导轨、滚动导轨和液体静压导轨。

(一) 贴塑滑动导轨

贴塑滑动导轨结构如图 2-35 所示。如不仔细观察，从表面上看，它与普通滑动导轨没有多少区别。它在两个金属滑动面之间粘贴了一层特制的复合工程塑料带，这样将导轨的金属与金属的摩擦副改变为金属与塑料的摩擦副，从而改变了数控机床导轨的摩擦特性。

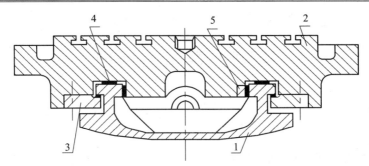

1—床身；2—工作台；3—下压板；4—导轨软带；5—贴有导轨软带的镶条

图 2-35　贴塑滑动导轨工作台和滑座剖面图

目前，常用的贴塑材料有聚四氟乙烯导轨软带和环氧型耐磨导轨涂层两类。

1．聚四氟乙烯导轨软带的特点

(1) 摩擦性能好，金属对聚四氟乙烯导轨软带的动、静摩擦系数基本不变。

(2) 耐磨特性好，聚四氟乙烯导轨软带材料中含有青铜、二硫化铜和石墨，因此其本身就具有润滑作用，对润滑的要求不高。此外，塑料质地较软，即使嵌入金属碎屑、灰尘等，也不致损伤金属导轨面和软带本身，可延长导轨副的使用寿命。

(3) 减振性好，塑料的阻尼性能、减振效果、消声性能较好，有利于提高运动速度。

(4) 工艺性能好，可以降低对粘贴塑料的金属基体的硬度和表面质量要求，而且塑料易于加工，使得导轨副接触面能够获得优良的表面质量。

2．环氧型耐磨导轨涂层

环氧型耐磨导轨涂层是以环氧树脂和二硫化钼为基体，加入增塑剂，混合成液状或膏状为一组分，固化剂为另一组分的双组分塑料涂层。德国生产的 SKIC3 和我国生产的 HNT 环氧型耐磨涂层都具有以下特点：

(1) 良好的加工性，可经车、铣、刨、钻、磨削和刮削。

(2) 良好的摩擦性。

(3) 耐磨性好。

(4) 使用工艺简单。

（二）滚动导轨

滚动导轨作为滚动摩擦副的一类，具有以下特点：

(1) 摩擦系数小(0.003～0.005)，运动灵活。

(2) 动、静摩擦系数基本相同，因而启动阻力小，而且不易产生爬行。

(3) 可以预紧，刚度高。

(4) 寿命长，精度高，润滑方便。

滚动导轨有多种形式，目前数控机床常用的滚动导轨为直线滚动导轨。它主要由导轨体、滑块、滚柱或滚珠、保持器、端盖等组成。当滑块与导轨体相对移动时，滚动体在导轨体和滑块之间的圆弧直槽内滚动，并通过端盖内的滚道，从工作负荷区到非工作负荷区，然后再滚动回工作负荷区，不断循环，从而把导轨体和滑块之间的移动变成滚动体的滚动。

为防止灰尘和脏物进入导轨滚道，滑块两端及下部均装有塑料密封垫，滑块上还有润滑油杯。

(三) 液体静压导轨

液体静压导轨是将具有一定压力的油液经节流器输送到导轨面的油腔，形成承载油膜，将相互接触的金属表面隔开，实现液体摩擦的。这种导轨的摩擦系数小(约 0.0005)，机械效率高；由于导轨面间有一层油膜，吸振性好；导轨面不相互接触，不会磨损，所以寿命长，而且在低速下运行也不易产生爬行。但是静压导轨结构复杂，制造成本较高，一般用于大型或重型机床。

二、数控机床导轨副的维护

1. 间隙调整

保证导轨面之间具有合理的间隙是导轨副维护的一项重要工作。间隙过小，则摩擦阻力大，导轨磨损加剧；间隙过大，则在运动上失去准确性和平稳性，在精度上失去导向精度。间隙调整的方法有压板调整间隙、镶条调整间隙、压板镶条调整间隙。

1) 压板调整间隙

如图 2-36 所示为矩形导轨上常用的几种压板装置。压板用螺钉固定在动导轨上，常用钳工配合刮研以及选用调整垫片、平镶条等机构，使导轨面与支承面之间的间隙均匀，达到规定的接触点数。如图 2-36(a)所示的压板结构，如间隙过大，应修磨和刮研 B 面；间隙过小或压板与导轨压得太紧，则可刮研或修磨 A 面；图(b)采用镶条式调整间隙；图(c)采用垫片式调整间隙。

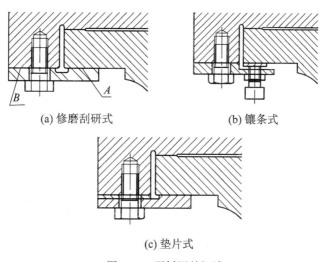

(a) 修磨刮研式　　　　(b) 镶条式

(c) 垫片式

图 2-36　压板调整间隙

2) 镶条调整间隙

如图 2-37(a)所示为一种全长厚度相等、横截面为平行四边形(用于燕尾形导轨)或矩形的平镶条，通过侧面的螺钉调节和螺母锁紧，以其横向位移调整间隙。由于收紧力不均匀，故在螺钉的着力点有挠曲。图 2-37(b)所示为一种全长厚度变化的斜镶条及三种用于斜镶条的调节螺钉，通过斜镶条的纵向位移来调整间隙。斜镶条支承全长，其斜度为 1∶40

或 1∶100，由于锲形的增压作用会产生过大的横向压力，因此调整时应谨慎。

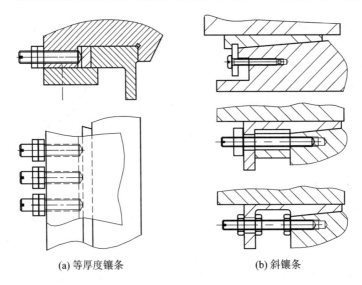

(a) 等厚度镶条　　　　　　　　　(b) 斜镶条

图 2-37　镶条调整间隙

3) 压板镶条调整间隙

如图 2-38 所示，T 形压板用螺钉固定在运动部件上，运动部件内侧和 T 形压板之间放置斜镶条，镶条不是在纵向有斜度，而是在高度方面做成倾斜。调整时，借助压板上的几个推拉螺钉，使镶条上下移动，从而调整间隙。三角形导轨的上滑动面能自动补偿，下滑动面的间隙调整和矩形导轨的下压板调整底面间隙的方法相同；圆形导轨的间隙不能调整。

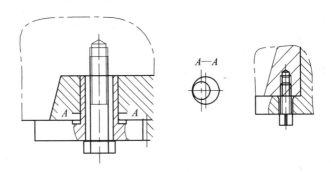

图 2-38　压板镶条调整间隙

2．滚动导轨的预紧

为了提高滚动导轨的刚度，应对滚动导轨预紧。预紧可以提高接触刚度和消除间隙。在立式滚动导轨上，预紧可以防止滚动体脱落和歪斜。常见的预紧的方法有过盈配合法和调整法两种。过盈配合法就是预加载荷大于外载荷，预紧力产生的过盈量为 2～3 μm，过大会使牵引力增加。若运动部件较重，其重力可起预加载荷的作用；若刚度满足要求，可不预载荷。调整法就是指利用螺钉、斜块或偏心轮调整进行预紧。

3．导轨的润滑

对导轨面进行润滑后，可降低摩擦，减少磨损，并且可防止导轨面锈蚀。导轨常用的润滑剂有润滑油和润滑脂，滑动导轨可用润滑油润滑，而滚动导轨既可用润滑油也可用润滑脂润滑。运动速度较高的导轨大都采用润滑泵，以压力油强制润滑。这样不但可连续或间歇供油给导轨进行润滑，而且可利用油的流动冲洗冷却导轨表面。为实现强制润滑，必须备有专门的供油系统。

4．导轨的防护

为了防止切屑、磨粒或冷却液散落在导轨面上而引起磨损、擦伤和锈蚀，导轨面上应有可靠的防护装置。常用的刮板式、卷帘式和叠层式防护罩，大多用于长导轨上。在机床使用过程中，应防止损坏防护罩。对叠层式防护罩应经常用刷子蘸机油清理移动接缝，以避免碰壳现象的发生。

三、导轨副维修实例

试一试

运用实训车间数控机床进行案例分析、诊断并排除故障。

★ **案例1：**

【故障现象】 导轨研伤。

【分析与诊断】 导轨研伤有以下几个原因：

(1) 机床经长期使用，地基与床身水平有变化，使导轨单位面积负荷过大。

(2) 长期加工短工件或承受过分集中的负载，使导轨局部磨损严重。

(3) 导轨润滑不良。

(4) 导轨材质不佳。

(5) 刮研质量不符合要求。

(6) 机床维护不良，导轨里落下脏物。

【故障排除及维修】 按照分析原因，通过以下几个方面逐一排除：

(1) 通过定期进行床身导轨的水平调整，或修复导轨精度加以排除。

(2) 通过合理分布短工件的安装位置，避免负荷过分集中加以排除。

(3) 通过调整导轨润滑油量，保证润滑油的压力加以排除。

(4) 采用电镀加热自冷淬火对导轨进行处理，导轨上增加锌铝铜合金板，以改善摩擦加以排除。

(5) 通过提高刮研修复的质量加以排除。

(6) 通过加强机床保养，保护好导轨防护装置加以排除。

★ **案例2：**

【故障现象】 导轨上移动部件运动不良或不能移动。

【分析与诊断】 导轨上移动部件运动不良或不能移动有以下几个原因：

(1) 导轨面研伤。

(2) 导轨压板研伤。

(3) 镶条与导轨间隙太小，调得太紧。

【故障排除及维修】 按照分析原因，通过以下几个方面逐一排除：

(1) 用 180# 砂布修磨机床导轨面上的研伤。

(2) 卸下压板，调整压板与导轨间隙。

(3) 松开镶条的止退螺钉，调整镶条螺栓，使运动部件运动灵活，保证 0.03 mm 塞尺不得塞入，然后锁紧止退螺钉。

★ 案例 3：

【故障现象】 加工表面在接刀处不平。

【分析与诊断】 加工表面在接刀处不平有以下几个原因：

(1) 导轨直线度较差。

(2) 工作台塞铁松动或塞铁弯度太大。

(3) 机床水平度较差，导致发生弯曲。

【故障排除及维修】 按照分析原因，通过以下几个方面逐一排除：

(1) 通过调整或修刮导轨(允许误差 0.015/500 mm)加以排除。

(2) 通过调整塞铁间隙，使塞铁弯度在自然状态下小于 0.05 mm/全长加以排除。

(3) 通过调整机床安装水平，保证平行度、垂直度在 0.02/1000 之内加以排除。

【知识梳理】

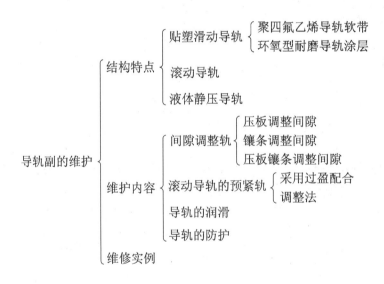

【学后评量】

1. 机床导轨有哪几种类型？对数控导轨有哪些要求？

2. 直线导轨有何特点？

3. 滚动导轨的预紧方法有哪些？各有何特点？

4. 导轨副维护的内容有哪些？

5. 常见导轨副的故障有哪些？如何诊断排除？

课题六　液压传动系统的维护

【学习目标】

1. 了解数控机床液压传动系统的结构特点。
2. 了解 MJ-50 数控车床液压传动系统。
3. 掌握数控机床液压传动系统的维护内容。
4. 掌握数控机床液压传动系统故障的分析和排除方法。

【课题导入】

液压与气动传动系统在数控机床中的应用越来越广泛，主要是由于液压及气压传动均属于流体传动，因此具有机构输出力大，机械结构更紧凑，传递运动平稳，反应速度快，冲击小，能高速启动、制动和换向，易于实现过载保护等优点。那么数控机床中哪些部件是通过液压与气压传动系统进行控制而工作的呢？

想一想

1. 你能说说数控机床的液压系统的控制元件有哪些吗？
2. 你能说出几种液压系统引起的故障？

【知识链接】

一、液压与气动系统的概述

液压和气压传动系统一般由以下四个部分组成：

(1) 动力装置。动力装置是将原动机的机械能转换成传动介质的压力能的装置。

(2) 执行装置。执行装置用于连接工作部件，将工作介质的压力能转换为工作部件的机械能。常见的执行装置有液压缸和气缸以及进行回转运动的液压电机、气压电机等。

(3) 控制与调节装置。控制与调节装置是用于控制和调节系统中工作介质的压力、流量和流动方向，从而控制执行元件的作用力、运动速度和运动方向的装置，同时也可以用来卸载或实现过载保护等。

(4) 辅助装置。辅助装置是对过载介质进行容纳、净化、润滑、消声和实现元件之间连接等作用的装置。

二、液压传动的主要元件的应用简介

1. 液压泵的工作原理及其选用

液压泵是系统的动力元件，是液压系统的重要组成部分。常见的液压泵类型有齿轮泵、

叶片泵和柱塞泵等。下面就齿轮泵的工作原理作简要介绍。图 2-39 是齿轮泵的工作原理图，从图中可以看出，齿轮泵是由一对大小一样、齿数相同的相互啮合的齿轮与泵体组成的。其啮合处将油腔分成左、右互不相通的两部分，即吸油腔和压油腔。当齿轮按图示方向转动时，泵左侧吸油腔中啮合的轮齿相继脱开，退出齿间，使密封容积逐渐增大而形成局部真空，油箱中的油液在大气压力作用下经吸油口进入吸油腔，并被传动的齿轮带入右侧压油腔。而压油腔内的轮齿则相继进入啮合，使密封容积减小，齿间中的油液被挤出，通过压油口排出。齿轮不断地转动，吸油腔就不断地吸油，而压油腔则不断地排油。排出的油液经过管路输送到执行装置。

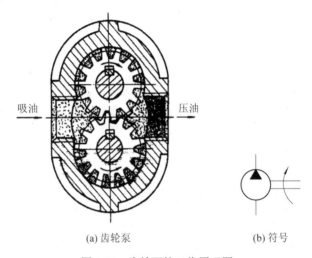

(a) 齿轮泵　　　　　　　　　(b) 符号

图 2-39　齿轮泵的工作原理图

2. 液压马达

液压马达是将工作介质的压力能转换为机械能，输出转速和转矩的装置。液压马达的种类很多，常用的有齿轮式、叶片式等，其结构如图 2-40 所示。如果不用原动机，而将液压油输入齿轮泵，则压力油作用在齿轮上的扭矩将使齿轮旋转，并可在齿轮轴上输出一定的转矩，这时齿轮泵就成为齿轮马达了。当压力油输入到齿轮马达的左侧油口时，马达反向旋转。

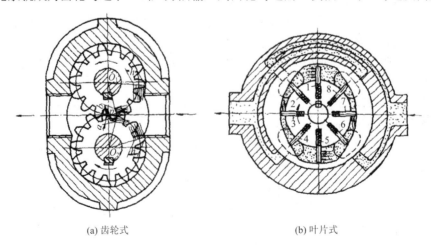

(a) 齿轮式　　　　　　　　　(b) 叶片式

图 2-40　常用液压马达结构

3. 动力缸

动力缸与液压马达或气压马达的功能相同，也是作为执行元件将工作介质的压力能转换成机械能的驱动工作部件。它们不同之处在于，动力缸输出的运动形式多为直线运动。动力缸的类型很多，按其作用方式有单作用式和双作用式；按其运动形式有推力缸(直线运动)和摆动缸。此外，还有一些组合式和特殊结构的动力缸，安装方式也有多种。下面介绍两种典型的动力缸结构。图 2-41 为典型的单杆活塞缸结构。缸筒组件包括缸筒 5、前端盖 1、后端盖 8 等，由四根长拉杆螺栓连接，进出油口在前、后端盖上。活塞组件包括活塞 3、活塞杆 4 及活塞与活塞杆的连接件等。缸筒与端盖、活塞与活塞杆之间的密封装置为静密封，采用的是 O 形密封圈 12、15；活塞与缸筒内壁、导向套与活塞杆之间的密封装置为动密封，采用的是密封圈 2、7 及装在导向套上的刮油防尘圈 9。活塞杆前端、缓冲套 16 分别与前、后端盖上的单向阀 14 和节流阀 13 构成前后的缓冲器。

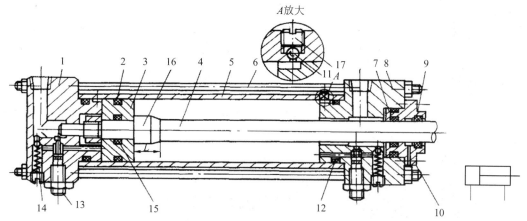

1—前端盖；2、7—动密封；3—活塞；4—活塞杆；5—缸筒；6—拉杆螺栓；8—后端盖；9—刮油防尘圈；
10—导向套；11—钢球；12、15—静密封；13—节流阀；14—单向阀；16—缓冲套；17—排气塞螺钉

图 2-41 典型单杆活塞缸结构

4. 控制元件

在液压与气压传动系统中，控制阀是用来控制与调节系统中工作介质的压力、流量和流向的控制元件，借助于不同的液压阀，经过适当的组合，可以达到控制液压系统的执行元件(液压缸与液压马达)的输出力或力矩、速度与运动方向等目的。

控制阀按其所控制的参数不同分为方向控制阀、压力控制阀和流量控制阀，而每一种阀因在阀口结构、连接方式等方面有所不同又有不同的分类。

1) 方向控制阀

方向控制阀是控制液压、气压传动系统中工作介质流动方向的阀门，主要有单向型方向控制阀和换向型方向控制阀两大类。

(1) 单向阀。图 2-42 为普通单向阀，其中图(a)为液压传动用阀，图(b)为气压传动用阀。其作用是使工作介质只能沿一个方向流动，反方向截止不通。正向流通时，依靠液流或气流的压力克服阀心背面的微弱弹簧力将阀心推离阀座而实现；反向截止时，同样依靠液流或气流的压力推动阀心将阀座口关闭从而切断通路。

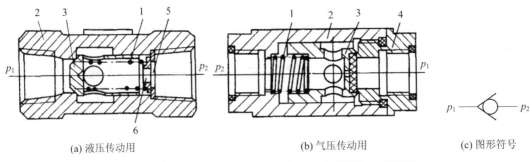

(a) 液压传动用　　　　　　　　(b) 气压传动用　　　　　　　(c) 图形符号

1—弹簧；2—阀体；3—阀心；4—端盖；5—弹性挡圈；6—弹簧座

图 2-42　普通单向阀的结构和图形符号

(2) 换向阀。图 2-43 所示的换向阀借助于阀芯和阀体之间的相对移动来控制油路的通断关系，改变油液的流动方向，从而控制执行元件的运动方向。对换向阀的基本要求是：油液通过阀的压力损失小；互不相通的油口之间的密封性好、泄漏量小；换向控制力小，换向可靠，动作灵敏；换向平稳，冲击小。

2) 压力控制阀

压力控制阀用于控制液压传动系统中工作介质的压力，使系统能够安全、可靠、稳定地运行。常用的压力控制阀有溢流阀、减压(调压)阀、顺序阀等。图 2-44 为溢流阀的结构原理和图形符号。

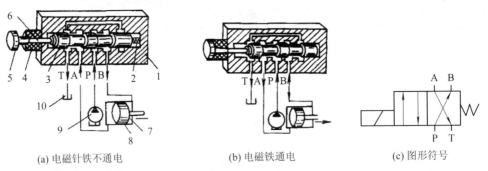

(a) 电磁针铁不通电　　　　　　(b) 电磁铁通电　　　　　　　(c) 图形符号

1—阀体；2—弹簧；3—滑阀；4—电磁铁；5—衔铁；6—推杆；7—液压缸；8—活塞；9—液压泵；10—油箱

图 2-43　二位四通电磁换向阀工作原理和图形符号

3) 流量控制阀

流量控制阀简称节流阀。图 2-45 所示是简单节流阀的结构图。节流阀阀口呈轴向三角槽式，油从进油口 P1 流入，经过环形槽和三角槽节流口，再从出油口 P2 流出。转动手柄时，便可通过推杆 3 带动阀心 1 作轴向移动，从而改变节流阀口的通流面积，调节流量。为保证阀芯移动时的轻便自如，将进口油液经过"a"和"b"两孔引到阀芯的上、下腔，使阀心处于压力平衡状态。阀心的复位和定位仅由弹簧 5 紧贴推杆 3 实现。这种节流阀的特点是进油口的压力油通过阀芯中间的通孔，同时作用在阀芯上、下两端，使阀芯只受复位弹簧的作用。因此，调节比较轻便。

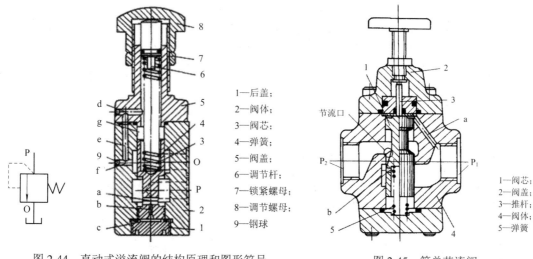

图 2-44　直动式溢流阀的结构原理和图形符号　　图 2-45　简单节流阀

1—后盖；
2—阀体；
3—阀芯；
4—弹簧；
5—阀盖；
6—调节杆；
7—锁紧螺母；
8—调节螺母；
9—钢球

1—阀芯；
2—阀盖；
3—推杆；
4—阀体；
5—弹簧

5. 辅助元件

液压辅助元件包括蓄能器、过滤器、油箱、管道及管接头、密封件等。这些元件，从在液压系统中的作用来看，仅起辅助作用，但从保证完成液压系统的任务来看，它们是非常重要的，它们对系统的性能、效率、温升、噪声和寿命影响极大，必须给予足够的重视。除油箱常需自行设计外，其余的辅助元件已标准化和系列化，皆为标准件，但应注意合理选用。

三、液压传动系统结构特点

(一) 结构特点

数控机床液压传动系统的主要驱动对象有液压卡盘、静压导轨、液压拨叉变速液压缸、主轴箱的液压平衡、液压驱动式机械手和主轴上的松刀液压缸等。

1. 液压卡盘

液压卡盘就是液压系统控制的夹具，用于在数控车床主轴上面夹持工件。液压卡盘可分为两种结构，一种是前置式的液压卡盘，即卡盘和回转缸一体化，如图 2-46 所示。此液压卡盘具有以下特点：

(1) 提高工作效率，减轻工人劳动强度。

(2) 内置油缸前进油，无需拉杆、回转油缸、分油器等，方便车床改装。

(3) 安装简单，只需液压站，无需增加其他设备，节约成本。

(4) 安全性能好，夹紧后工件自锁，即使突然停电工件也不会掉下来。

(5) 夹持力大；装夹牢固、稳定；夹持力大小可调，能满足大部分产品的需求。

(6) 采用中空全通孔，便于长料加工和安装送料机。

另外一种是后拉式的液压卡盘，即将卡盘安装于车床主轴前端，回转液压缸安装于车床主轴后端，如图 2-47 所示。此装置防水、防切削液能力非常好。后拉式卡盘具有以下特点：

(1) 后拉式油压夹头作径向夹持的同时强力后拉，工件不会上浮，适用于铸件及锻件的加工。

(2) 后拉式夹持将工件紧贴在基准面上，使夹持稳固，适于重切削。

(3) 具有圆柱滑动结构，可长期使用，并确保重复夹持的优异精度。

(4) 准确的自定中心及强力夹持工件不上浮的特性，适合进行要求长度精准的加工。

(5) 可采用到位侦测，配合自动化系统。

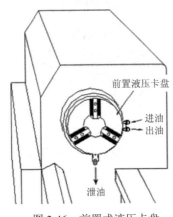

图 2-46　前置式液压卡盘　　　　　　　　图 2-47　后拉式液压卡盘

2. 液压拨叉变速液压缸

　　液压拨叉变速机构的滑移齿轮的拨叉与变速液压缸的活塞杆连接，通过改变不同通油方式可以使三联齿轮获得三个不同的变速位置，如图 2-48 所示。当液压缸 1 通压力油，液压缸 5 卸压时，活塞杆带动拨叉 3 向左移动到极限位置，同时拨叉带动三联齿轮移动到左端啮合位置，行程开关发出信号。当液压缸 5 通压力油而液压缸 1 卸压时，活塞杆 2 和套筒 4 一起向右移动，此时三联齿轮被拨叉 3 移到右端啮合位置，行程开关发出信号。当压力油同时进入左右两液压缸时，由于活塞杆 2 两端直径不同使活塞杆向左移动，活塞杆靠上套筒 4 的右端时，活塞杆左端受压力大于右端，活塞杆不再移动，拨叉和三联齿轮被限制在中间位置，行程开关发出信号。

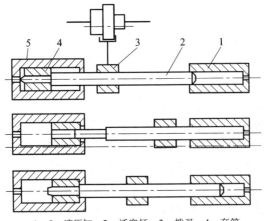

1、5—液压缸；2—活塞杆；3—拨叉；4—套筒

图 2-48　液压变速机构的原理

3. 液压驱动式机械手

液压驱动式机械手通常由液动机(各种油缸、油马达)、伺服阀、油泵、油箱等组成，

由驱动机械手执行机构进行工作。通常它具有很大的抓举能力(高达几百千克以上)，其特点是结构紧凑、动作平稳、耐冲击、耐震动、防爆性好，但液压元件要求有较高的制造精度和密封性能，否则将会漏油污染环境。

4．数控机床液压传动系统的特点

1) 系统优点

(1) 易于实现无级调速，且可实现大范围调速，一般可达到 100∶1～2000∶1 的传动比。

(2) 单位功率的传动装置重量轻、体积小、结构紧凑。

(3) 惯性小、反应快、冲击小、工作平稳。

(4) 易控制、易调节、操纵方便，易于与电气控制相结合。

(5) 液压传动具有自润滑、自冷却的作用。

(6) 液压元器件易于实现"三化"(系列化、标准化、通用化)。

2) 系统缺点

(1) 液压传动有一定的泄漏现象，易造成环境污染、资源浪费。

(2) 对油温和负载的变化比较敏感，不易在高温或低温下工作。

(3) 要求元件制造精度高，且易受油液的污染度影响 。

(二) MJ-50 数控车床液压传动系统

MJ-50 数控车床由液压系统驱动的部分主要有车床卡盘的夹紧与松开、卡盘夹紧力的高低压转换、回转刀架的松开与夹紧、刀架刀盘的正转及反转、尾座套筒的伸出与退回等。液压系统中各电磁铁的动作由数控系统的 PLC 控制实现。如图 2-49 所示为 MJ-50 数控车床液压系统的原理图。

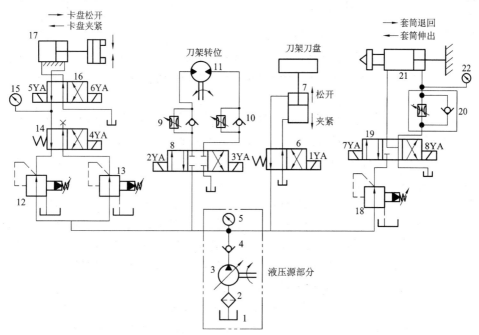

图 2-49　数控车床液压系统原理图

1．卡盘分系统

数控车床中，卡盘松开、夹紧子系统主要用来控制卡盘松开和夹紧的工作。卡盘松开、夹紧子系统主要由减压阀 12 和 13、二位四通电磁阀 14、压力表 15、二位四通电磁阀 16、液压缸 17 组成。其中减压阀 12 和 13 用来控制子系统压力，换向阀 14 用来控制子系统压力的转换，压力表的作用是指示子系统的压力值，电磁阀 16 用来控制液压缸 17 的运动方向。

2．刀架刀盘分系统

数控车床中，当回转刀架换刀时，首先是将刀盘松开，之后刀盘转到指定位置，最后刀盘夹紧。刀架刀盘子系统液压回路显示，刀盘的夹紧与松开，由电磁阀 6 控制。刀架刀盘子系统利用换向阀 6 来控制油液的流动方向，从而控制液压缸 7 活塞的运动方向，以控制刀架刀盘的松开和夹紧。

3．刀架转位分系统

数控车床中，由刀架转位子系统控制回转刀架换刀。回转刀架换刀时，首先是将刀盘松开，之后刀盘转到指定位置，最后刀盘夹紧。刀架转位子系统主要由三位四通电磁阀 8、单向调速阀 9、10 和双向定量液压马达 11 组成。刀盘的旋转由液压马达 11 带动，可正反转，其转动方向由电磁阀 8 控制，转速分别由单向调速阀 9 和 10 调节控制。

4．尾座套筒分系统

尾座套筒伸出、退回子系统主要由减压阀 18、三位四通电磁换向阀 19、单向调速阀 20、液压缸 21 和压力表 22 组成。其中子系统压力由减压阀 18 调定，套筒运动方向由换向阀 19 控制，其伸出速度由调速阀控制，为回油路节流调速回路。液压缸 23 采用活塞杆固定方式来固定。

四、液压传动系统的维护

液压传动系统的维护主要包括以下内容：

(1) 控制油液污染，保持油液清洁。控制油液污染，保持油液清洁是确保液压系统正常工作的重要措施。据统计，液压系统的故障有 80% 是由油液污染引发的，油液污染还会加速液压元件的磨损。

(2) 控制液压系统油液的温升。控制液压系统油液的温升是减少能源消耗、提高系统效率的一个重要环节。在一台机床的液压系统中，若油温变化范围大，会影响液压泵的吸油能力及容积效率，会导致系统工作不正常，压力、速度不稳定，动作不可靠，液压元件内外泄漏增加，油液的氧化变质加快。

(3) 控制液压系统的泄漏。泄漏和吸空是液压系统常见的故障。要控制泄漏，首先要提高液压元件零部件的加工质量和元件的装配质量以及管道系统的安装质量，其次要提高密封件的质量，并注意密封件的安装使用与定期更换，最后也要加强日常维护。

(4) 防止液压系统的振动与噪声。振动会影响液压件的性能，使螺钉松动、管接头松脱，从而引起漏油。因此，要防止和排除振动现象。

(5) 严格执行日常检查制度。液压系统故障存在着隐蔽性、可变性和难于判断性。因此，应对液压系统的工作状态进行检查，把可能产生的故障现象记录在日常检修卡上，并将故障排除在萌芽状态，减少故障的发生。

（6）定期紧固、清洗、过滤和更换。液压设备在工作过程中，由于冲击振动、磨损和污染等因素，会使液压设备管件松动，金属件和密封磨损，因此必须对液压件及油箱等进行定期清洗和维修，对油液、密封件进行定期更换。

五、液压传动系统维修实例

 试一试

　　运用实训车间数控机床进行案例分析，并排除故障。

★ 案例1：

【故障现象】 液压泵不供油或流量不足。

【分析与诊断】液压泵不供油或流量不足有以下几个原因：

(1) 液压泵转速太低，叶片不肯甩出。

(2) 液压泵转向相反。

(3) 油的黏度过高，使叶片运动不灵活。

(4) 油量不足，吸油管露出油面吸入空气。

(5) 吸油管堵塞。

(6) 进油口漏气。

(7) 叶片在转子槽内卡死。

【故障排除及维修】 按照分析原因，通过以下几个方面逐一排除：

(1) 通过将转速控制在最低转数以上加以排除。

(2) 通过调整转向加以排除。

(3) 通过采用规定牌号的油加以排除。

(4) 通过加油到规定位置，将滤油器埋入油下加以排除。

(5) 通过清除堵塞物加以排除。

(6) 通过修理或更换密封件加以排除。

(7) 通过拆开液压泵修理，清除毛刺、重新装置加以排除。

★ 案例2：

【故障现象】 液压泵有异常噪声或压力下降。

【分析与诊断】 液压泵有异常噪声或压力下降有以下几个原因：

(1) 油量不足，滤油器露出油面。

(2) 吸油管吸入空气。

(3) 回油管高出油面，空气进入油池。

(4) 进油口滤油器容量不足。

(5) 滤油器局部堵塞。

(6) 液压泵转速过高或液压泵装反。

(7) 液压泵与电动机连接同轴度差过大。

(8) 定子和叶片磨损，轴承和轴损坏。

(9) 泵与其他机械共振。

【故障排除及维修】 按照分析原因，通过以下几个方面逐一排除：

(1) 通过加油到规定位置加以排除。

(2) 通过找出泄漏部位，修理或更换零件加以排除。

(3) 通过将回油管埋入最低油面下一定深度加以排除。

(4) 通过更换滤油器，保证进油容量应是液压泵最大排量的 2 倍以上加以排除。

(5) 通过清洗滤油器加以排除。

(6) 通过按规定方向安装转子加以排除。

(7) 通过控制同轴度在 0.05 mm 内加以排除。

(8) 通过更换零件加以排除。

(9) 通过更换缓冲胶垫加以排除。

★ **案例 3：**

【故障现象】 液压泵发热、油温过高。

【分析与诊断】 液压泵发热、油温过高有以下几个原因：

(1) 液压泵工作压力超载。

(2) 吸油管和系统回油管距离太近。

(3) 油箱油量不足。

(4) 摩擦引起机械损失，泄漏引起容积损失。

(5) 压力过高。

【故障排除及维修】 按照分析原因，通过以下几个方面逐一排除：

(1) 通过按额定压力工作加以排除。

(2) 通过调整油管，使工作后的油不直接进入液压泵加以排除。

(3) 通过按规定加油加以排除。

(4) 通过检查或更换零件及密封圈加以排除。

(5) 油的黏度过大，通过按规定更换油加以排除。

★ **案例 4：**

【故障现象】 尾座顶不紧或不运动。

【分析与诊断】 尾座顶不紧或不运动有以下几个原因：

(1) 压力不足。

(2) 液压缸活塞拉毛或研损。

(3) 密封圈损坏。

(4) 液压阀断线或卡死。

(5) 套筒研损。

【故障排除及维修】 按照分析原因，通过以下几个方面逐一排除：

(1) 通过用压力表检查加以排除。

(2) 通过更换或维修液压缸活塞加以排除。

(3) 通过更换密封圈加以排除。

(4) 通过清洗、更换阀体或重新接线加以排除。

(5) 通过修理研磨部件加以排除。

★ 案例 5：

【故障现象】 导轨润滑不良。

【分析与诊断】 导轨润滑不良有以下几个原因：

(1) 分油器堵塞。

(2) 油管破裂或渗漏。

(3) 没有气体动力源。

(4) 油路堵塞。

【故障排除及维修】 按照分析原因，通过以下几个方面逐一排除：

(1) 通过更换损坏的定量分油管加以排除。

(2) 通过修理或更换油管加以排除。

(3) 通过查气动柱塞泵有否堵塞，是否灵活加以排除。

(4) 通过清除污物，使油路畅通加以排除。

★ 案例 6：

【故障现象】 滚珠丝杠润滑不良。

【分析与诊断】 滚珠丝杠润滑不良有以下几个原因：

(1) 分油管不分油。

(2) 油管堵塞。

【故障排除及维修】 按照分析原因，通过以下几个方面逐一排除：

(1) 通过检查定量分油器加以排除。

(2) 通过清除污物，使油路畅通加以排除。

【知识梳理】

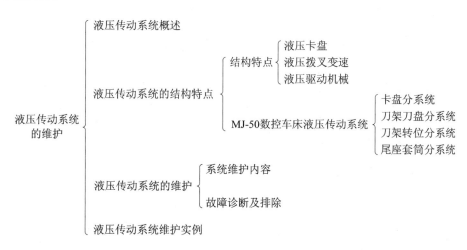

【学后评量】

1. 简述液压传动系统的组成部分及各部分的作用。

2. 液压传动的主要优缺点有哪些？

3. 简述 MJ-50 数控车床的液压传动系统。

4．液压传动系统的维护内容有哪些？

5．导致液压泵不供油或流量不足的因素有哪些？

6．液压传动系统常见的故障有哪些？

课题七　气压传动系统的维护

【学习目标】

1．了解数控机床气压传动系统的结构特点。

2．了解 H400 型卧式加工中心气压传动系统。

3．掌握数控机床气压传动系统的维护内容。

4．掌握数控机床气压传动系统的故障分析和排除。

【课题导入】

在现代化的生产和制造中，由于气压传动装置的气源容易获得，机床可以不必再单独配置动力源，此装置结构简单，工作介质不污染环境，工作速度控制和动作频率高，适合于完成频繁启动的辅助工作，而且气压传动装置过载时比较安全，不易发生过载时损坏部件的事故，因此气压传动的应用越来越广泛。那么你能举例说一说，在实习中哪些机床中运用了气动传动吗？

想一想

1．你能说说数控机床的气压系统控制的元件有哪些吗？

2．你能说出几种气压系统引起的故障吗？

【知识链接】

一、气压传动系统的结构特点

数控系统上的气动系统用于主轴锥孔吹气和开关防护门。有些加工中心依靠气液转换装置实现机械手的动作和主轴松刀。

（一）气压传动系统的特点

气压传动装置的气源容易获得，机床可以不必再单独配置动力源，装置结构简单，工作介质不污染环境，工作速度控制和动作频率高，适合于完成频繁启动的辅助工作。气压传动装置过载时比较安全，不易发生过载时损坏部件的事故。

气压传动系统具体的优缺点如下：

1．系统优点

(1) 由于其工作介质为空气，故其来源丰富、方便、成本低廉。

(2) 具有较好的工作环境适应性。

(3) 空气黏度很小，能量损失较小，节能、高效。

(4) 气压传动反应灵敏、动作迅速、易维护和调节。

(5) 气动元件结构简单，制造工艺性较好，制造成本低，使用寿命长 。

2．系统缺点

(1) 由于空气具有可压缩性，故在载荷变化时其运动平稳性稍差。

(2) 其工作压力不高。

(3) 具有较大的排气噪声(可达 100 dB 以上)。

(4) 空气无自润滑功能。

(二) H400 型卧式加工中心气压传动系统

如图 2-50 所示，H400 型卧式加工中心气压传动系统主要包括完成松刀汽缸、交换台托升、工作台拉紧、鞍座锁紧、鞍座定位、工作台定位面吹气、刀库移动、主轴锥孔吹气等几个动作的气压传动支路。

H400 型卧式加工中心气压传动系统要求提供额定压力为 0.7 MPa 的压缩空气。压缩空气通过 8 mm 的管道连接到气压传动系统中的调压、过滤、油雾气压传动三联件 ST，经过气压传动三联件 ST 后，压缩空气变得干燥、洁净，加入适当润滑用油雾后，提供给后面的执行机构使用，从而保证整个气动系统的稳定安全运行，避免或减少执行部件、控制部件的磨损而使寿命降低。YK1 为压力开关，该元件在气压传动系统达到额定压力时发出电参量开关信号，通知机床气压传动系统正常工作。在该系统中为了减小载荷的变化对系统的工作稳定性的影响，在设计气压传动系统时均采用单向出口节流的方法调节气缸的运行速度。

1．松刀气缸支路

松刀汽缸是完成刀具的拉紧和松开的执行机构。为保证机床切削加工过程的稳定、安全、可靠，刀具拉紧拉力应大于 12 kN，抓刀、松刀动作时间应在 2 s 以内。换刀时通过气压传动系统对刀柄与主轴间的 7∶24 定位锥孔进行清理，使用高速气流清除结合面上的杂物。为达到这些要求，应尽可能地使其结构紧凑、重量减轻，并且结构上要求工作缸直径不能大于 150 mm，因此采用复合双作用气缸(额定压力为 0.5 MPa)可达到设计要求。

2．交换台托升支路

交换台是实现双工作台交换的关键部件。由于 H400 加工中心交换台提升载荷较大(达 12 kN)，工作过程中冲击较大，设计上升、下降动作时间为 3 s，且交换台位置空间较大，故采用大直径气缸(D = 350 mm)，6 mm 内径的气管，才能满足设计载荷和交换时间的要求。机床无工作台交换时，在两位双电控电磁阀 HF3 的控制下交换台托升缸处于下位，感应开关 LS17 有信号，工作台与托叉分离，工作台可以进行自由运动。当进行自动或手动的双工作台交换时，数控系统通过 PMC 发出信号，使两位双电控电磁阀 HF3 的 3YA 得电，托升缸下腔通入高压气，活塞带动托叉连同工作台一起上升，达到上下运动的上终点位置。

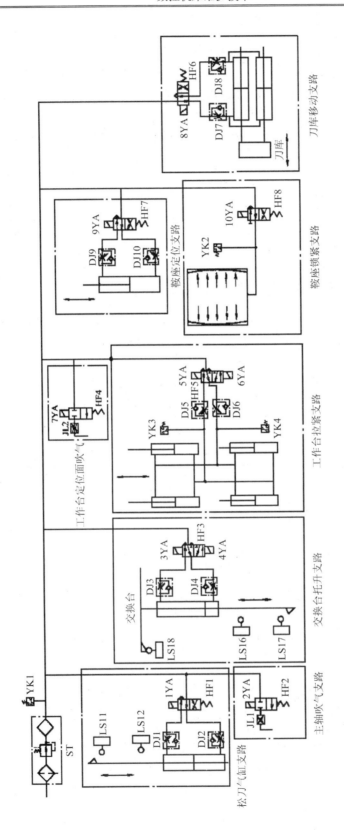

图 2-50 H400 型卧式加工中心气压传动系统原理图

由接近开关 LS16 检测其位置信号,并通过变送扩展板传送到 CNC 的 PMC,控制交换台回转 180°开始动作,接近开关 LS18 检测到回转到位的信号,并通过变送扩展板传送到 CNC 的 PMC,控制 HF3 的 4YA 得电,托升缸上腔通入高压气体,活塞带动托叉连同工作台在重力和托升缸的共同作用下一起下降;当达到上下运动的下终点位置时由接近开关 LS17 检测其位置信号,并通过变送扩展板传送到 CNC 的 PMC,则双工作台交换过程结束,机床进行下一步的操作。在该支路中采用 DJ3、DJ4 单向节流阀调节交换台上升和下降的速度,以避免较大的载荷冲击及对机械部件的损伤。

3. 工作台拉紧支路

由于 H400 型卧式加工中心要进行双工作台的交换,为了节约交换时间,保证交换的可靠性,工作台与鞍座之间必须具有能够快速而可靠的定位、拉紧及迅速脱离的功能。可交换的工作台固定于鞍座上,由四个带定位锥的气缸拉紧,以达到拉力大于 12 kN 的可靠工作要求。因受位置结构的限制,该气缸采用了弹簧增力结构,在气缸内径仅为 63 mm 的情况下就达到了设计拉力要求。工作台拉紧支路采用两位双电控电磁阀 HF4 进行控制,当双工作台交换将要进行或已经进行完毕时,数控系统通过 PMC 控制电磁阀 HF4,使线圈 5YA 或 6YA 得电,分别控制气缸活塞的上升或下降,通过钢珠拉套机构放松或拉紧工作台上的拉钉,来完成鞍座与工作台之间的放松或拉紧动作。

为了避免活塞运动时的冲击,在该支路采用具有得电动作、失电不动作、双线圈同时得电不动作特点的两位双电控电磁阀 HF4 进行控制,可避免在动作进行过程中因突然断电而造成的机械部件冲击损伤。该支路还采用了单向节流阀 DJ5、DJ6 来调节拉紧的速度,以避免较大的冲击载荷。该位置由于受结构限制,用感应开关检测放松与拉紧信号较为困难,故采用可调工作点的压力继电器 YK3、YK4 检测压力信号,并以此信号作为气缸到位信号。

4. 鞍座定位与锁紧支路

H400 型卧式加工中心工作台具有回转分度功能,回转工作台结构如图 2-13 所示。与工作台连为一体的鞍座采用蜗轮—蜗杆机构使工作台可以进行回转,鞍座与床鞍之间具有相对回转运动,并分别采用插销和可以变形的薄壁气缸实现床鞍和鞍座之间的定位与锁紧。当数控系统发出鞍座回转指令并做好相应的准备后,两位单电控电磁阀 HF7 得电,定位插销缸活塞向下带动定位销从定位孔中拔出,到达下运动极限位置后,由感应开关检测到位信号,通知数控系统可以进行鞍座与床鞍的放松,此时两位单电控电磁阀 HF8 得电动作,锁紧薄壁缸中高压气体放出,锁紧活塞弹性变形恢复,使鞍座与床鞍分离。该位置由于受结构限制,检测放松与锁紧信号较困难,故采用可调工作点的压力继电器 YK2 来检测压力信号,并以此信号作为位置检测信号。将该信号送入数控系统,控制鞍座进行回转动作,鞍座在电动机、同步带、蜗杆—蜗轮机构的带动下进行回转运动,当达到预定位置时,由感应开关发出到位信号,停止转动,完成回转运动的初次定位。电磁阀 HF7 断电,插销缸下腔通入高压气,活塞带动插销向上运动,插入定位孔,进行回转运动的精确定位。定位销到位后,感应开关发信通知锁紧缸锁紧,电磁阀 HF8 断电,锁紧缸充入高压气体,锁紧活塞变形,YK2 检测到压力达到预定值后,即是鞍座与床鞍夹紧完成。至此,整个鞍座回转动作完成。另外,在该定位支路中,DJ9、DJ10 是为避免插销冲击损坏而设置的调节上升、下降速度的单向节流阀。

5．刀库移动支路

H400 型卧式加工中心采用盘式刀库，具有 10 个刀位。在加工中心进行自动换刀时，由气缸驱动刀盘前后移动，与主轴的上下左右方向的运动进行配合来实现刀具的装卸，并要求运行过程稳定、无冲击。在换刀时，当主轴到达相应位置后，通过对电磁阀 HF6 得电和失电使刀盘前后移动，到达两端的极限位置，并由位置开关感应到位信号，与主轴运动、刀盘回转运动协调配合完成换刀动作。其中 HF6 断电时，远离主轴的刀库部件回到原位。DJ7、DJ8 是为避免装刀和卸刀时产生冲击而设置的单向节流阀。

该气压传动系统中，在交换台支路和工作台拉紧支路采用两位双电控电磁阀 HF3、HF4，以避免在动作进行过程中因突然断电而造成的机械部件的冲击损伤。系统中所有的控制阀完全采用板式集装阀连接，这种连接方式结构紧凑，易于控制、维护以及进行故障点的检测。为避免气流放出时所产生的噪声，在各支路的放气口均加装了消声器。

二、气压传动系统的维护

气压传动系统的维护包括以下内容：

1．保证供给洁净的压缩空气

压缩空气中通常都含有水分、油分和粉尘等杂质。水分会使管道、阀和气缸腐蚀；油分会使橡胶、塑料和密封材料变质；粉尘会造成阀体动作失灵。选用合适的过滤器，可以清除压缩空气中的杂质，使用过滤器时应及时排除积存的液体，否则，当积存液体接近挡水板时，气流仍可将积存物卷起。

2．保证空气中含有适量的润滑油

大多数气动执行元件和控制元件都要求进行适度的润滑。如果润滑不良将发生以下故障：

(1) 由于摩擦阻力增大而造成气缸推力不足，阀芯动作失灵。

(2) 由于密封材料的磨损而造成空气泄漏。

(3) 由于生锈造成元件的损伤及动作失灵。

一般采用油雾器进行喷雾润滑。油雾器一般安装在过滤器和减压阀之后。油雾器的供油量一般不宜过多，通常每 $10\ m^3$ 的自由空气供 $1\ mL$ 的油量(即 40 到 50 滴油)。检查润滑是否良好的一个方法是，找一张清洁的白纸放在换向阀的排气口附近，如果阀工作 3 至 4 个循环后，白纸上只有很轻的斑点，表明润滑是良好的。

3．保证气动系统的密封性

漏气不仅增加了能量的消耗，也会导致供气压力的下降，甚至造成气动元件工作失常，在气动系统停止运行时，由严重的漏气引起的响声很容易发现；轻微的漏气则应利用仪表，或用涂抹肥皂水的办法进行检查

4．保证气动元件中运动零件的灵敏性

从空气压缩机排出的压缩空气，包含有粒度为 0.01～0.08 μm 的压缩机油微粒，在排气温度为 120～220℃的高温下，这些油粒会迅速氧化，氧化后油粒颜色变深，黏性增大，并逐步由液态固化成油泥。这种微米级以下的颗粒，一般过滤器无法滤除。当它们进入到换向阀后便附着在阀芯上，使阀的灵敏度逐步降低，甚至出现动作失灵。为了清除油污，保

证灵敏度，可在气动系统的过滤器之后，安装油雾分离器，将油泥分离出来。此外，要定期清洗阀保证阀的灵敏度。

5．保证气动装置具有合适的工作压力和运动速度

调节工作压力时，压力表应对工作可靠性计数准确。调节减压阀与节流阀后，必须紧固调压阀盖或锁紧螺母，防止松动。

三、气压传动系统维护实例

试一试

运用实训车间数控机床进行案例分析，排除故障。

★ 案例 1：

【故障现象】　系统没有气压。

【分析与诊断】　系统没有气压有以下几个原因：

(1) 气动系统中开关阀、启动阀、流量控制阀等未打开。

(2) 换向阀未换向。

(3) 管路被扭曲、压扁。

(4) 滤芯堵塞或冻结。

(5) 工作介质或环境温度太低，造成管路冻结。

【故障排除及维修】　按照分析得出的原因，通过以下几个方面逐一排除：

(1) 通过打开未开启的阀加以排除。

(2) 通过检修或更换换向阀加以排除。

(3) 通过校正或更换扭曲、压扁的管道加以排除。

(4) 通过更换滤芯加以排除。

(5) 通过及时排除冷凝水，增设除水设备加以排除。

★ 案例 2：

【故障现象】　供压不足。

【分析与诊断】　供压不足有以下几个原因：

(1) 耗气量太大，空压机输出流量不足。

(2) 空压机活塞环等过度磨损。

(3) 漏气严重。

(4) 减压阀输出压力低。

(5) 流量阀的开度太小。

(6) 管路细长或管接头选用不当，导致压力损失过大。

【故障排除及维修】　按照分析得出的原因，通过以下几个方面逐一排除：

(1) 通过选择输出流量合适的空压机或增设一定容积的气罐加以排除。

(2) 通过更换活塞环等过度磨损的零件，并在适当部位装单向阀，维持执行元件内的

压力，以保证安全加以排除。

(3) 通过更换损坏的密封件或软管，紧固管接头和螺钉加以排除。

(4) 通过调节减压阀至规定压力，或更换减压阀加以排除。

(5) 通过调节流量阀的开度至合适开度加以排除。

(6) 通过重新设计管路，加粗管径，选用流通能力大的管接头和气阀加以排除。

★ 案例3：

【故障现象】 系统出现异常高压。

【分析与诊断】 系统出现异常高压有以下几个原因：

(1) 减压阀损坏。

(2) 因外部振动冲击产生了冲击压力。

【故障排除及维修】 按照分析得出的原因，通过以下几个方面逐一排除：

(1) 通过更换减压阀加以排除。

(2) 通过在适当部位安装安全阀或压力继电器加以排除。

★ 案例4：

【故障现象】 油泥太多。

【分析与诊断】 油泥太多有以下几个原因：

(1) 空压机润滑油选择不当。

(2) 空压机的给油量不当。

(3) 空压机连续运转的时间过长。

(4) 空压机运动件出现动作不良。

【故障排除及维修】 按照分析得出的原因，通过以下几个方面逐一排除：

(1) 通过更换高温下不易氧化的润滑油加以排除。

(2) 给油过多，油通过控制阀时滞留时间过长，造成油泥积蓄；给油过少，造成活塞烧伤。排除方法是控制油量。

(3) 温度过高，润滑油易碳化，形成油泥。安装油雾分离器进行排除。

(4) 控制阀动作不恰当时，产生摩擦，导致温度上升，润滑油被碳化，造成油泥过多。排除方法是安装油雾分离器。

★ 案例5：

【故障现象】 气缸不动作、动作卡滞、爬行。

【分析与诊断】 气缸不动作、动作卡滞、爬行有以下几个原因：

(1) 压缩空气压力达不到设定值。

(2) 气缸加工精度不够。

(3) 气缸、电磁阀润滑不充分。

(4) 空气中混入了灰尘卡住了阀。

(5) 气缸负载过大、连接软管扭曲。

【故障排除及维修】按照分析得出的原因，通过以下几个方面逐一排除：

(1) 通过重新计算，验算系统压力加以排除。

(2) 通过更换气缸加以排除。

(3) 通过拆检气缸、电磁阀，疏通润滑油路加以排除。

(4) 通过打开各接头，对管路重新吹扫，清洗控制阀加以排除。

(5) 通过检查气缸负载及连接软管，使之满足设计要求加以排除。

★ **案例6：**

【故障现象】 压缩空气中含水量高。

【分析与诊断】 压缩空气中含水量高有以下几个原因：

(1) 储气罐、过滤器冷凝水存积。

(2) 后冷却器选型不当。

(3) 空压机进气管进气口设计不当。

(4) 空压机润滑油选择不当。

(5) 季节影响。

【故障排除及维修】 按照分析得出的原因，通过以下几个方面逐一排除：

(1) 通过定期打开排污阀排放冷凝水加以排除。

(2) 通过更换后冷却器加以排除。

(3) 通过重新安装防雨罩，避免雨水流入空压机加以排除。

(4) 通过更换空压机润滑油加以排除。

(5) 通过雨季加快排放冷凝水频率加以排除。

【知识梳理】

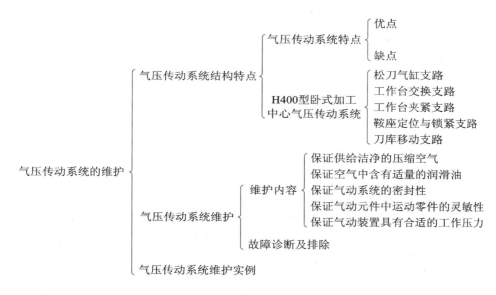

【学后评量】

1. 气压传动系统有何特点？

2. 简述 H400 型卧式加工中心气压传动系统。

3. 气压传动系统维护的内容有哪些？

4. 导致压缩空气中含水量高的因素有哪些？

5. 气压传动系统常见的故障有哪些？

第三单元

数控机床控制系统的维护

【本单元主要内容】

1. 了解常见的数控系统的型号、功能及特点。
2. 熟悉数控机床数控柜的维护，并到实训场地对数控机床数控柜进行维护和基本保养。
3. 了解数控机床散热通风系统的维护。
4. 掌握数控机床数控系统的输入/输出装置维护，能对常见 I/O 装置故障进行解决。
5. 熟悉数控系统 CMOS RAM 存储器电池的维护。

课题一　常见数控系统的介绍

【学习目标】

1. 了解常见的 FANUC、西门子数控系统。
2. 了解常见的国产数控系统。

【课题导入】

在现代化工厂车间中，你认识图 3-1 所示的数控系统吗？

(a) FANUC 数控机床　　　　　　　　　　(b) 西门子机床

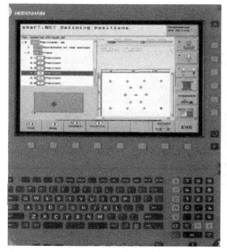

(c) 德国海德汉机床系统　　　　　　　(d) 广州数控机床系统

图 3-1　各类数控系统

如图 3-1 所示，分别是目前使用率较高的 FANUC 系统、西门子系统、海德汉系统和国产的广州数控机床系统。

 想一想

1. 学校的数控系统是哪种？
2. 在你参观企业的过程中看到过哪些系统？

【知识链接】

数控系统是数控机床的控制核心，是数字控制系统(Numerical Control System)的简称。早期由硬件电路构成的数字控制称为硬件数控(Hard NC)，20 世纪 70 年代以后，系统中的硬件电路元件逐步由专用的计算机代替，形成计算机数控系统。

计算机数控(Computerized Numerical Control，CNC)系统是用计算机控制加工功能，实现数值控制的系统。它是根据计算机存储器中存储的控制程序，执行部分或全部数值控制功能，并配有接口电路和伺服驱动装置的专用计算机系统。

从 1952 年开始，数控系统经历了电子管、晶体管、小规模集成电路、计算机数字控制、软件和微处理器控制的发展过程。目前数控系统种类繁多，形式各异，组成结构也各有特点。但是无论哪种系统，它们的基本原理和构成都是相似的。

典型的数控系统有：国外以日本的发那科(FANUC)、德国的西门子(SINUMERIK)为主，国内以华中(HNC)为代表。

一、FANUC 系统简介

FANUC 公司创建于 1956 年，1959 年率先推出了电液步进电动机，在后来的若干年中逐步发展并完善形成了以硬件为主的开环数控系统。进入 20 世纪 70 年代，微电子技术、功率电子技术，尤其是计算技术得到了飞速发展，FANUC 公司毅然舍弃了使其发家的电液步进电动机数控产品，从 GETTES 公司引进了直流伺服电动机制造技术。1976 年 FANUC 公司成功研制出了数控系统 5，随后又与 SIEMENS 公司联合研制了具有先进水平的数控系统 7，从那时起，FANUC 公司逐步发展成为世界上最大的专业数控系统生产厂家，产品日新月异，年年翻新。进入 20 世纪 90 年代后，其生产的大量数控机床以极高的性价比进入中国市场。FANUC 还和 GE 公司建立了合资子公司 GE-FANUC，主要生产工业机器人。

FAUNC 公司 1979 年研制出的数控系统 6，是具备一般功能和部分高级功能的中档 CNC 系统。其中，6M 适合于铣床和加工中心，6T 适合于车床。与过去的机型比较，该系统使用了大容量磁泡存储器，专用于大规模集成电路，元件总数减少了 30%。此系统中还备有用户自己制作的特有变量型子程序的用户宏程序。

1980 年 FANUC 公司在系统 6 的基础上同时向低挡和高档两个方向发展，研制出了系统 3 和系统 9。系统 3 是在系统 6 的基础上简化而形成的，体积小，成本低，容易组成机电一体化系统，适用于小型、廉价的机床。系统 9 是在系统 6 的基础上强化而形成的具有高级性能的可变软件型 CNC 系统，通过变换软件可适应任何用途，尤其适合于加工复杂而昂贵的航空部件、要求高度可靠的多轴联动重型数控机床。

1984 年 FANUC 公司推出了新型系列产品数控 10 系统、11 系统和 12 系统。该系列产品在硬件方面做了较大改进，大量采用了大规模集成电路，其中包含了 3 种具有 8000 个门电路的专用大规模集成电路芯片，另外的专用大规模集成电路芯片有 4 种，厚膜电路芯片有 22 种，还有 32 位的高速处理器、4 Mbit 的磁泡存储器等，元件数比前期同类产品减少了 30%。由于该系列采用了光导纤维技术，使过去在数控装置与机床以及控制面板之间的几百根电缆大幅度减少，提高了抗干扰性和可靠性。这些系统在 DNC 方面能够实现主计算机与机床、工作台、机械手、搬运车等之间的各类数据的双向传送。它们的 PLC 装置使用了独特的无触点、无极性输出和大电流、高电压输出电路，能促使强电柜的半导体化。此外，其 PLC 的编程不仅可以使用梯形图语言，还可以使用 PASCAL 语言，便于用户自己开发软件。数控系统 10、11、12 还补充了专用宏功能、自动计划功能、自动刀具补偿功能、刀具寿命管理、彩色图形显示 CRT 等。

1985 年 FANUC 公司又推出了数控系统 0，它的目标是体积小、价格低，适用于机电一体化的小型机床，与适用于中、大型的系统 10、11、12 一起组成了这一时期的全新系列产品。系统 0 的硬件组成以最少的元件数量发挥最高的效能为宗旨，采用了最新型高速高集成度处理器，共有专用大规模集成电路芯片 6 种，其中 4 种为低功耗 CMOS 专用大规模集成电路，专用的厚膜电路有 3 种。三轴控制系统的主控制电路，包括输入输出接口、PMC(Programmable Machine Control)和 CRT 电路等都在一块大型印制电路板上，与操作面板 CRT 组成一体。系统 0 的主要特点有：彩色图形显示、会话菜单式编程、专用宏功能、多种语言(汉、德、法)显示、有目录返回功能等。FANUC 公司推出数控系统 0 以来，得到了各国用户的高度评价，成为世界范围内用户最多的数控系统之一。

1987 年 FANUC 公司又成功研制出了数控系统 15，其被称为划时代的人工智能型数控系统，它应用了 MMC(Man Machine Control)、CNC、PMC 的概念，采用了高速度、高精度、高效率加工的数字伺服单元、数字主轴单元和纯电子式绝对位置检出器，还增加了

MAP(ManufacturingAutomatic Protocol)、窗口功能等。FANUC 公司是生产数控系统和工业机器人的著名厂家，该公司自上世纪 60 年代生产数控系统以来，已经开发出了 40 多个系列的产品。

(一) FANUC 主要产品的介绍

FANUC 现有产品分为 CNC 系列、伺服产品系列和机器系列(如图 3-2 所示)，具体而言有：

CNC 产品系列：16i/18i/21i 系列；FANUC PowerMate i 系列。

伺服产品系列：FANUC 交流伺服电动机 βi 系列；FANUC 直线电动机 LiS 系列；FANUC 同步内装伺服电动机 DiS 系列；FANUC 内装主轴电动机 Bi 系列；FANUC-NSK 主轴单元系列。

机器人产品系列：LR Mate 200 系列。

图 3-2　FANUC 三大产品系列

(二) FANUC 系统分类

FANUC 系统早期有 3 系列系统及 6 系列系统，现有 0 系列、10、11、12 系列、15、16、18、21 系列等，而应用最广的是 FANUC 0 系列系统。

FANUC 0 系列系统的型号划分及适用范围如下：

(1) 0D 系列：0-TD 用于车床，0-MD 用于铣床及小型加工中心，0-GCD 用于圆柱磨床，0-GSD 用于平面磨床，0-PD 用于冲床。

(2) 0C 系统：0-TC 用于普通车床、自动车床，0-MC 用于铣床、钻床、加工中心，0-GCC 用于内、外磨床，0-GSC 用于平面磨床，0-TTC 用于双刀架、4 轴车床，POWER MATE 0 用于 2 轴小型车床。

(3) 0i 系列：0i-MA 用于加工中心、铣床；0i-TA 用于车床，可控制 4 轴；16i 用于最大 8 轴，可 6 轴联动；18i 用于最大 6 轴，可 4 轴联动；160/18MC 用于加工中心、铣床、平面磨床；160/18TC 用于车床、磨床；160/18DMC 用于加工中心、铣床、平面磨床的开放式 CNC 系统；160/180TC 用于车床、圆柱磨床的开放式 CNC 系统。

FANUC 系统在设计中大量采用模块化结构。这种结构易于拆装、各个控制板高度集成，使可靠性有很大提高，而且便于维修、更换。FANUC 系统设计了比较健全的自我保护电路。FANUC 系统性能稳定，操作界面友好，系统的各系列总体结构非常的类似，具有基本统一的操作界面。FANUC 系统可以在较为宽泛的环境中使用，对于电压、温度等外界条件的要求不是特别高，因此适应性很强。

想一想

FANUC 0i-TF 是目前学校使用的最新的数控机床，它是什么类型的机床？

二、西门子系统介绍

SIEMENS 公司的数控装置采用模块化结构设计，经济性好，在一种标准硬件上配置了多种软件，因此具有多种工艺类型，可满足各种机床的需要，并成为系列产品。随着微电子技术的发展，系统越来越多地采用了大规模集成电路(LSI)、表面安装器件(SMC)及先进的加工工艺，所以新的系统结构更为紧凑，性能更强，价格更低。西门子系统可采用 SIMATICS 系列可编程控制器或集成式可编程控制器，可使用 SYEP 编程语言编程，具有丰富的人机对话功能和多种语言的显示。SIEMENS 数控系统不仅提供了先进的技术，其灵活的二次开发能力使之也非常适合于教学应用。学习者通过在一般教学环境下的培训就能掌握到包括用在高端系统上的数控技术与过程。SIEMENS 还为数控领域的职业教育设计了专门的以教学仿真软件 SINUTRAIN 为核心的数控教育培训体系，通过由浅入深的操作编程培训及真实的模拟环境提高学习者的全面技术水平和能力。

SIEMENS 系统是一个集所有数控系统元件(数字控制器、可编程控制器、人机操作界面)于一体的操作面板安装形式的控制系统。所配套的驱动系统接口采用 SIEMENS 公司全新设计的可分布式安装以简化系统结构的驱动技术，这种新的驱动技术所提供的接口可以连接多达 6 轴的数字驱动。外部设备可通过现场控制总线与 PROFIBUS、MPI 连接，这种新的驱动接口连接技术只需要最少数量的几根连线就可以进行非常简单的安装。其中的 SINUMERIK 系统为标准的数控车床和数控铣床提供了完备的功能，配套的模块化结构的驱动系统为各种应用提供了极大的灵活性。另外，性能经过大大改进的工程设计软件可以帮助用户完成项目开始阶段的设计选型；接口实现的最新数字式驱动技术提供了统一的数字式接口标准，各种驱动功能按照模块化设计，可以根据性能要求和智能化要求灵活安排，各种模块不需要电池及风扇，因而无需任何维护；使用的标准闪存卡(CF)可以方便地备份全部调试数据文件和子程序，通过闪存卡(CF)可以对加工程序进行快速处理，通过连接端子还可以使用两个电子手轮。

(一) 西门子数控系统产品种类

SIEMENS 数控系统是 SIEMENS 集团旗下自动化与驱动集团的产品。SIEMENS 数控系统(SINUMERIK)发展了很多代，主要有 SINUMERIK3、8、810、820、850、880、805、

802、840 系列。目前在广泛使用的主要有 802、810、840 等几种类型。

图 3-3 给出了对 SIEMENS 系统几个主要类型的定位描述。

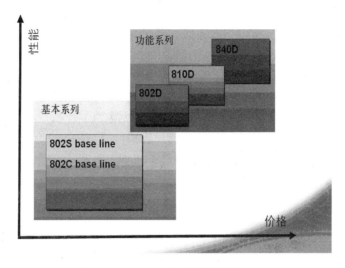

图 3-3　SIEMENS 各系统的性价比

(二) 西门子数据系统概述

1. SINUMERIK 802D

SINUMERIK 802D 具有免维护性能，其核心部件 PCU(面板控制单元)将 CNC、PLC、人机界面和通信等功能集成于一体，可靠性高、易于安装。

SINUMERIK 802D 可控制四个进给轴和一个数字或模拟主轴。通过生产现场总线 PROFIBUS 将驱动器、输入输出模块连接起来。

模块化的驱动装置 SIMODRIVE611Ue 配套 1FK6 系列伺服电动机，为机床提供了全数字化的动力。通过视窗化的调试工具软件，可以便捷地设置驱动参数，并对驱动器的控制参数进行动态优化。

SINUMERIK 802D 集成了内置 PLC 系统，可对机床进行逻辑控制，还可采用标准的 PLC 的编程语言 Micro/WIN 进行控制逻辑设计，并且随机提供标准的 PLC 子程序库和实例程序，简化了制造厂设计过程，缩短了设计周期。

2. SINUMERIK 810D

在数字化控制的领域中，SINUMERIK 810D 第一次将 CNC 和驱动控制集成在一块板上。快速的循环处理能力，使其在模块加工中独显威力。SINUMERIK 810D NC 软件的一系列突出优势使其在竞争中脱颖而出。例如，提前预测功能，可以在集成控制系统上实现快速控制；固定点停止功能可以用来卡紧工件或定义简单参考点；模拟量控制控制功能可以模拟信号输出；样条插补功能(A、B、C 样条)用来产生平滑过渡；压缩功能用来压缩 NC 记录；多项式插补功能可以提高 810D/810DE 的运行速度；温度补偿功能保证数控系统在高速运行状态下保持正常温度。此外，系统还提供钻、铣、车等加工循环。

3. SINUMERIK 840D

SINUMERIK 840D 数字 NC 系统用于各种复杂加工，它在复杂的系统平台上通过系统设定适用于各种控制技术的参数。840D 与 SINUMERIK_611 数字驱动系统和 SIMATIC7 可编程控制器一起，构成了全数字控制系统，适于各种复杂加工任务的控制，具有优于其他系统的动态品质和控制精度。

西门子系统与 FANUC 系统在国际市场平分秋色，一般欧洲企业较多使用西门子系统，而在日美企业中 FANUC 使用较多。西门子系统在操作方面比 FANUC 系统更加人性化，操作更易上手，但性价比不如 FANUC。编程方面，大多数编程指令相同，FANUC 和西门子有各自的循环和特色指令。另外，其他系统一般都仿照 FANUC 的系统指令；在国内高校和职业院校，FANUC 机床占比要略高于西门子和华中数控。

想一想

我们学校使用的是什么系统？FANUC 和西门子系统有什么区别和特点？

试一试

到身边的各类企业参观时，留心企业使用的是什么数控系统。它们有何优点和缺点？

三、国产系统简介

(一) 华中数控系统

华中数控系统采用了以工业 PC 为硬件平台，DOS、Windows 及其丰富的支持软件为软件平台的技术路线，使主控制系统具有质量好、性能价格比高、新产品开发周期短、系统维护方便、系统更新换代快、系统配套能力强、系统开放性好、便于用户二次开发和集成等许多优点。华中数控系统在其操作界面、操作习惯和编程语言上按国际通用的数控系统设计。国外系统所运行的 G 代码数控程序，基本不需修改，即可在华中数控系统上使用，且华中数控系统采用汉字用户界面，提供完善的在线帮助功能，便于用户学习和使用。系统提供类似高级语言的宏程序功能，具有三维仿真校验和加工过程图形动态跟踪的功能，图形显示形象直观，操作、使用方便容易。

华中"世纪星"数控系统是在华中 I 型、华中 2000 系列数控系统的基础上，为了满足用户对低价格、高性能、简单、可靠的要求而开发的数控系统，适用于各种车、铣、加工中心等机床的控制。世纪星系列数控系统(HNC-21T、HNC-21M/22M)相对于国内外其他同等档次的数控系统，具有以下几个鲜明特点：

(1) 高可靠性：选用嵌入式工业 PC，全密封防静电面板结构，具有超强的抗干扰能力。

(2) 高性能：最多控制轴数为四个进给轴和一个主轴，支持四轴联动；全汉字操作界面、故障诊断与报警、多种形式的图形加工轨迹显示和仿真，操作简便，易于掌握和使用。

（3）低价位：与其他国内外同等档次的普及型数控系统产品相比，"世纪星"系列数控系统性能价格比较高。如果配套选用华中数控的全数字交流伺服驱动和交流永磁同步电动机、伺服主轴系统等，数控系统的整体价格只有国外同档次产品的 1/2 到 1/3。

（4）配置灵活：可自由选配各种类型的脉冲接口、模拟接口交流伺服驱动单元或步进电动机驱动单元；除标准机床控制面板外，配置 40 路光电隔离开关量输入和 32 路功率放大开关量输出接口、手持单元接口、主轴控制接口与编码器接口，还可扩展远程 128 路输入/128 路输出端子板。

（5）真正的闭环控制："世纪星"系列数控系统配置交流伺服驱动器和伺服电动机时，伺服驱动器和伺服电动机的位置信号实时反馈到数控单元，由数控单元对它们的实际运行全过程进行精确的闭环控制。

华中"世纪星"数控系统目前已广泛用于车、铣、磨、锻、齿轮、仿形、激光加工、纺织、医疗等设备，适用的领域有数控机床配套、传统产业改造、数控技术教学等。

（二）广州数控

广州数控成立于 1991 年，是国内专业技术领先的成套智能装备解决方案的提供商之一，被誉为中国南方数控产业基地。广州数控是基本仿照 FANUC 系统进行开发的国产数控系统(如图 3-4 所示)，目前已从单纯的数控机床拓展到很多自动化领域，其产品以其超低的价格和可靠的品质为企业所青睐。同时，广州数控还开发了国产的机器人，配合数控机床可以实现 FMS 柔性制造系统。

图 3-4　广州数控企业生产产品

除此之外，国内还有很多的优秀数控系统企业。目前，国产数控系统在功能和性价比上要优于国外的系统，但 MTBF(即稳定性)稍差，相信通过一定时间的努力，国产系统也可以逐步达到世界领先水平。

【知识梳理】

数控系统
- 国外系统
  - FANUC系统
  - 西门子系统
  - 两系统优缺点
- 国产系统
  - 华中数控系统
  - 广州数控系统

【学后评量】

1. FANUC160/180TC 是什么系统？
2. 与国外系统相比国产系统有何优缺点？
3. 西门子数控系统和 FANUC 数控系统相比有哪些优缺点？
4. 统计学校数控系统的种类和地点。

序号	系统名称	型号	地点

课题二　数控机床数控柜的维护

【学习目标】

1. 了解常见数控系统维护的概念。
2. 掌握数控机床数控柜中各个元器件的作用。

【课题导入】

数控系统的核心组件是数控柜(含数控系统柜和电气柜)，作为一名数控专业学生，学习对其进行简单维护和保养就是我们的主要任务。为此我们首先要了解一下数控系统柜(如图 3-5(a)所示)和电气柜(如图 3-5(b)所示)。

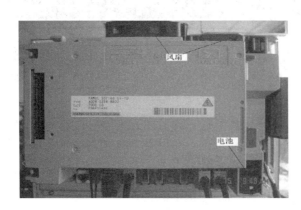

(a) 数控系统柜　　　　　　　　　　　　　　　(b) 电气柜

图 3-5　数控机床数控系统柜和电气柜

数控系统柜和电器柜主要有什么作用？

【知识链接】

一、数控系统维护基本概念

(一) 数控机床维护与保养的目的和意义

在数控机床的使用中，随着时间的推移，电子器件的老化和机械部件的疲劳会慢慢加重，设备故障就有可能接踵而来，因而数控机床的修理工作量也随之加大，设备维修的费用在生产支出中可能就要增加。随着现代化程度的提高，各种数控机床的结构将更复杂、操作和维修的难度也更高，维修的技术要求、维修工作量、维修费用都会随之增加。因此，必须不断改善数控机床管理维护工作，合理配置、正确使用、精心保养和及时修理，才能延长数控机床的有效使用时间，以获得良好的经济效益，体现先进技术的经济意义。

正确合理地使用数控机床，是数控机床管理维护工作的重要环节。数控机床的技术性能、工作效率、服务期限、维修费用与数控机床是否正确使用有着密切的关系。正确地使用数控机床，还有助于发挥设备技术性能，延长修理的间隔、使用寿命，减少每次修理的劳动量，从而降低修理成本，提高数控机床的有效使用时间和使用效率。

数控机床在使用过程中，由于程序故障、电器故障、机器磨损或化学腐蚀等原因，不可避免地会出现工作不正常现象，如松动、声响异常等。操作工除了应正确合理地使用数控机床之外，还必须认真保养数控机床。

保养的内容主要有清洗、除尘、防腐及调整等工作，为此应给操作工提供必要的技术文件(如操作规程、保养事项与指标图表等)，配备必要的测量仪表与工具。数控机床上应安装防护、防潮、防尘、防振、降温装置与过载保护装置，为数控机床的正常工作创造良好的条件。

为了加强保养，应根据不同的生产特点，对不同类别的数控机床规定适宜的保养制度。保养制度应正确规定各种保养等级的工作范围和内容，尤其应区别"保养"与"修理"的界限。否则容易造成保养与修理的脱节或重复，或者保养范围过宽，内容过多，实际承担了属于修理范围的工作量，难以长期坚持，容易流于形式，而且带来定额管理与计划管理上的诸多不便。

一般来说，保养的主要任务在于为数控机床创造良好的工作条件。保养作业项目不多，简单易行。保养部位大多在数控机床外表，不必进行解体，可以在不停机、不影响运转的情况下完成，不必专门安排保养时间，每次保养作业所耗物资也应有限。保养还是一种减少数控机床故障、延缓磨损的保护性措施，但通过保养作业并不能消除数控机床的磨耗损坏，不具有恢复数控机床原有效能的职能。

(二) 数控机床的检修和维护

数控机床使用一定时间以后，电子器件会发生老化，零部件可能会被腐蚀和磨损。由此引起数控机床运转故障增多，甚至损坏。在生产实际中，影响数控机床故障的因素很多，而且作用时间与强烈程度千差万别，必须通过在维修和修理前对其进行检查才能避免盲目拆卸，减少漏修或过分修理，造成不必要的损失。

1. 数控机床的检查

检查是维修前的准备工作，其目的是查明数控机床运转的情况、磨损程度、故障性质和各部件内部隐患。检查的内容包括以下三个方面：

(1) 数控机床运转情况，如噪声、振动、温升、油压、功率等是否正常，各种电子装备与防尘装置是否良好，运转表面有无划伤等；

(2) 数控机床精度情况，如精度、灵敏度、指示精确度，各种技术参数的稳定程度等；

(3) 数控机床磨损情况，如接触表面与相对表面的面积、间隙等。

2. 检查时段

检查时段可以按以下三种方式安排：

(1) 每日检查。由操作人员结合日常保养工作进行检查，以便及时发现异常现象。

(2) 定期检查。由专职人员定期进行全面技术检查，如数控机床在两次修理之间进行的中间技术检查，以掌握数控机床的磨损状况和技术状况。

(3) 修前检查。对即将着手修理的数控机床，需进行一次全面性检查，目的是具体确定本次合理的修理内容和工作量。

3. 数控机床的修理

数控机床的修理首先要分析其故障产生的种类特征，然后再有的放矢，以达到修理的预期目的。

1) 数控机床的修理种类

数控机床中的各种零件到达磨损极限的经历各不相同，无论从技术角度还是从经济角度考虑，都不能只规定一种修理即更换全部磨损零件，但也不能规定过多，影响数控机床有效使用时间。通常将修理划分为三种，即大修、中修、小修。

(1) 大修。在数控机床的基准零件已到损坏极限，电子器件的性能亦已严重下降，而且大多数易损零件也已到规定时间，数控机床的性能全面下降时，应对数控机床进行大修。大修时需将数控机床全部解体，一般需将数控机床拆离地基，在专用场所进行。大修包括修理基准件，修复或更换所有磨损或已到期的零件，校正坐标，恢复精度及各项技术性能，重刷油漆等。此外，结合大修可进行必要的改装。

(2) 中修。中修一般不涉及基准零件的修理，主要修复或更换已磨损或已到期的零件，校正坐标，恢复精度及各项技术性能，通常只需局部解体，并且可在现场就地进行。

(3) 小修。小修的主要内容是更换易损零件，排除故障，调整精度，可能发生局部不太复杂的拆卸工作，在现场就地进行，以保证数控机床的正常运转。

上述三种修理的工作范围、内容及工作量各不相同，在组织数控机床维修工作时应予以明确区分。尤其是大修与中、小修，其工作目的与经济性质是完全不同的。中、小修的主要目的在于维修数控机床的现有性能，保持正常运转状态。通过中、小修之后，数控机床原有价值不发生增减变化，属于简单再生产性质；而大修的目的在于恢复原有一切性能，在更换重要部件时，并不都是等价更新，还可能有部分技术改造性质的工作，从而引起数控机床原有价值发生变化，属于扩大再生产性质。因此，大修和小修的款项来源应是不同的。

2) 数控机床修理组织方法

数控机床修理的组织方法对于提高工作效率、保证修理质量、降低修理成本有着重要的影响，常见的修理方法有以下几种：

(1) 换件修理法，即将需要修理的部件拆下来，换上事先准备好的储备部件，此法可减少修理时间，保证修理质量，但需要较多的周转部件，需占有较多的流动资金，适于大量同类型数控机床修理的情况。

(2) 分部修理法，即将数控机床的各个独立部分分部修理，每次修其中的某一部分，依次进行。此法可利用节假日修理，减少停工损失，适用于大型复杂的数控机床。

(3) 同步修理法。一次同时修理相互紧密联系的数台数控机床，这种方法适合于流水生产线及柔性制造系统等。

3) 数控机床的修理制度

根据数控机床磨损的规律，"预防为主，养修结合"是数控机床检修工作的方针。但是，在实际工作中，由于修理期间除了各种维修费以外，还会有一定的停工损失，尤其在生产繁忙的情况下，往往由于吝惜有限的停工损失而宁愿让数控机床带病工作，不到万不得已时决不进行修理，这是极其有害的做法。由于对磨损规律的了解不同，对预防为主的方针认识不同，因而在实践中产生了不同的数控机床修理制度，主要有以下几种：

(1) 随坏随修，即坏了再修，也称事后修。事实上等出了事故后再安排修理，常常会造成更大的损坏，有时会达到无法修复的程度，即使可以修复，也将会有更多的耗费，需要更长的时间，造成更大的损失，所以应当避免随坏随修的现象。

(2) 计划预修，这是一种有计划，有预防性的修理制度，其特点是根据磨损规律，对数控机床进行有计划的维护、检查与修理，预防急剧磨损的出现，这也是一种正确的修理制度。根据执行的严格程度不同，计划维修又可分为以下三种：

第一种是检查后修理，即按检查计划，根据检查结果制定修理内容和日期。

第二种是定期修理，制定修理计划以后，结合实际检查结果，调整原计划，确定具体的修理日期。

第三种是强制修理，即根据数控机床的修理日期、修理类别，制定合理的计划，到期严格执行计划规定的内容。

(3) 分类维修。其特点是将数控机床分为 A，B，C 三类。A 为重点数控机床，B 为非重点数控机床，C 为一般数控机床，对 A，B 两类采取有计划的预修方法，而对 C 类采取随坏随修的方法。

选取何种修理制度，应根据数控机床的生产特点、重要程度、经济得失的权衡，综合分析后确定。还应坚持预防为主的原则，减少随坏随修的现象，也要防止过分修理带来的不必要的损失(对可以工作到下一次修理的零件予以强制更换，不必修理却予以提前换修，称为过分修理)。

二、数控机床数控柜和电气柜的维修与维护

　　一般情况下，数控柜和电气柜一定不要打开，保持干燥通风良好，定期除尘即可。电气柜的维护主要涉及两方面，一方面要保持其干燥，应加入干燥剂(如图 3-6(a)所示)，另一方面对于一些线束可采用集线管和保养剂喷涂进行保养和维护(如图 3-6(b)所示)。

(a) 干燥剂　　　　　　　　　　　　(b) 集线管保养和维护

图 3-6　数控机床数控柜和电气柜的维修与维护

试一试

　　在教师的管理和帮助下，打开数控系统柜和电气柜检查其中是否有干燥剂，是否需要除尘，如需要，则在教师的帮助下进行除尘和保养。

(一) 数控系统的检查

1. 数控系统在通电前的检查
(1) 确认交流电源的规格是否符合 CNC 装置的要求；
(2) 检查 CNC 装置与外界之间的连接电缆是否符合随机提供的连接技术手册的规定；
(3) 确认 CNC 装置内的各种印刷线路板上的硬件设定是否符合 CNC 装置的要求；
(4) 检查数控机床的保护接地线。

2. 数控系统在通电后的检查
(1) 检查数控装置中风扇是否正常；
(2) 检查直流电源是否正常；
(3) 确认 CNC 装置的各种参数；
(4) 在接通电源的同时，做好按压紧急停止按钮的准备；
(5) 在手动状态下，低速进给移动各个轴，并且注意观察机床移动方向和坐标值显示

是否正确；

(6) 检查数控机床是否有返回基准点的功能；

(7) 确保 CNC 系统的功能测试正常。

(二) 数控装置的日常维护与保养

1. 严格遵守操作规程和日常维护制度

通常首次使用数控机床或由不熟练工人来操作机床时，在使用的第一年内，有三分之一以上的系统故障是由于操作不当引起的。

2. 应尽量少开数控柜和强电柜的门

夏天为了使数控系统能超负荷长期工作，有时会打开数控柜的门散热，这种做法可能会导致数控系统的损坏。正确的方法是降低数控系统的外部环境温度。

注意：除非进行必要的调整和维修，否则不允许随意开启数控柜和强电柜的门。

一些已受外部尘埃、油雾污染的电路板和接插件，可采用专用电子清洁剂喷洗。

注意：确保自然干燥的喷液台在非接触表面形成绝缘层，使其绝缘良好。

3. 定时清扫数控柜的散热通风系统

(1) 每天检查数控柜上的风扇工作是否正常。

(2) 每半年或每季度检查一次通风道过滤器是否有堵塞现象。

注意：数控柜内温度过高(一般不允许超过 55℃)，会造成过热报警或数控系统工作不可靠。

(3) 定时进行清扫。清扫方法如下：

① 拧下螺钉，拆下空气过滤器；

② 在轻轻振动过滤器的同时，用压缩空气由里向外吹掉空气过滤器内的灰尘；

③ 过滤器太脏时，可用中性清洁剂(清洁剂和水的配方为 5：95)冲洗(但不可揉擦)，然后置于阴凉处晾干即可。

4. 数控系统的输入/输出装置的定期维护

数控系统的输入/输出装置需定期进行维护。

5. 定期检查和更换直流电动机电刷

定期检查和更换直流电动机电刷时应注意以下几点：

(1) 断电状态，在电动机已经完全冷却的情况下进行检查。

(2) 取下橡胶刷帽，用螺丝刀拧下刷盖取出电刷。

(3) 测量电刷长度，如磨损到原长的一半左右，必须更换同型号的新电刷。

(4) 仔细检查电刷的弧形接触面是否有深沟或裂缝，以及电刷弹簧上有无打火痕迹，如有上述现象必须用新电刷替换，并在一个月后再次检查。

(5) 将不含金属粉末、不含水分的压缩空气导入电刷孔，吹净粘在孔壁上的电刷粉末。如果难以吹净，可用螺丝刀尖轻轻清理，直至孔壁全部干净为止。但要注意不要碰到换向器表面。

(6) 重新装上电刷，拧紧刷盖。

6．监视数控系统的电网电压

应经常监视数控系统的电网电压。

7．定期更换存储器用电池

(1) 每年更换一次电池；

(2) 电池的更换应在数控系统供电的状态下进行，以免参数丢失。

8．数控系统长期不用时的维护

(1) 经常给数控系统通电；

(2) 对于直流电动机，应将电刷取出，以免腐蚀换向器。

9．备用电路板的维护

应及时对备用电路板进行维护。

10．做好维修前的准备工作

在维修前需进行技术准备、工具准备、备件准备。

三、数控柜的认识

数控系统柜因数控系统不同、设计原理不同，内部结构大多不相同，这里以常见的 FANUC 0iTC 为例，简述数控系统的元器件和连线。

(一) 元件介绍

1．控制单元

如图 3-7 所示的控制单元(背面)是 CNC 的主要部分，随着目前集成制造水平的逐步提高，其体积逐步缩小。高度集成的 0iTF 系列机床(比 0iTC 更先进)还包括了可对外通信的 RJ-45 端口，可与外界进行双向通信。如图 3-8 所示为 FANUC 控制单元(内部结构)。

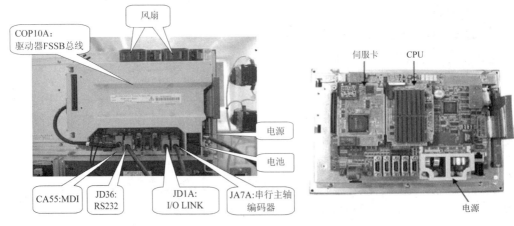

图 3-7　FANUC 控制单元(背面)　　　　图 3-8　FANUC 控制单元(内部结构)

2．控制连线单元的框图

根据 FANUC 的标准，控制连线单元的一般硬件连接框图如图 3-9 所示。我们在日常维护中如果碰到问题，可查询对应的系统连接调试手册或者出厂说明书。

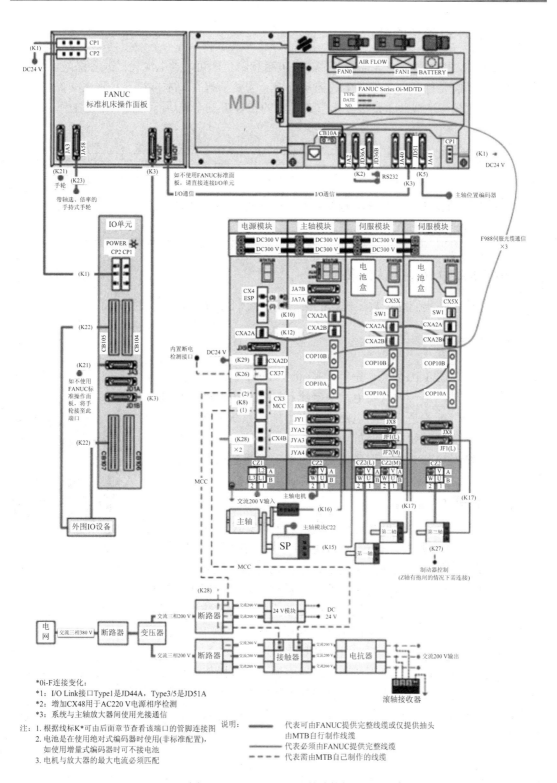

图 3-9　FANUC 0i-F 硬件连接框图

（二）机床数控柜的维护

一般来说，机床数控柜无需打开，注意防潮和防尘即可。当电池耗尽或者保险丝熔断，需要更换时才需要打开。此外对于数控系统柜，需要了解其基本接线，在将来的操作过程中如果因频繁操作造成脱落，要在电气工程师的指导下安全地进行插拔以恢复工作。

 试一试

在老师的指导下，打开数控机床维修实验台系统柜盖板，通过查询相关说明书，对每个连接线及其作用进行了解。

四、数控机床电气柜的认识和维护

元器件认识是我们维护数控机床的第一步，我们要对每个元器件有所了解。

（一）空气开关

空气开关如图 3-10 所示。空气开关(air switch)又名空气断路器，是断路器的一种，是一种只要电路中电流超过额定电流就会自动断开的开关。空气开关是低压配电网络和电力拖动系统中非常重要的一种电器，它集控制和多种保护功能于一身，除能完成接触和分断电路外，还能对电路或电气设备发生的短路、严重过载及欠电压等情况进行保护，同时也可以用于不频繁地启动电动机。

图 3-10 空气开关

1．工作原理

数控机床电气柜的脱扣方式有热动、电磁和复式脱扣三种。

当线路发生一般性过载时，过载电流使热元件产生一定热量，导致双金属片受热向上弯曲，推动杠杆使搭钩与锁扣脱开，将主触头分断，切断电源。当线路发生短路或严重过载时，短路电流超过瞬时脱扣整定电流值，电磁脱扣器产生足够大的吸力，将衔铁吸合并撞击杠杆，使搭钩绕转轴座向上转动与锁扣脱开，锁扣在反力弹簧的作用下将三副主触头分断，切断电源。

开关的脱扣机构是一套连杆装置。当主触点通过操作机构闭合后，就被锁钩锁在合闸的位置。如果电路中发生故障，则有关的脱扣器将产生作用使脱扣机构中的锁钩脱开，于是主触点在释放弹簧的作用下迅速分断。按照保护作用的不同，脱扣器可以分为过电流脱扣器和失压脱扣器等。

2．主要作用

在正常情况下，过电流脱扣器的衔铁处于释放状态；当发生严重过载或短路故障时，与主电路串联的线圈就会产生较强的电磁吸力把衔铁往下吸引而顶开锁钩，使主触点断开。

失压脱扣器的工作恰恰相反，在电压正常时，电磁吸力吸住衔铁，主触点才得以闭合。一旦电压严重下降或断电，衔铁就被释放而使主触点断开。当电源电压恢复正常时，必须重新合闸后才能工作，实现了失压保护。

3．工作条件

(1) 周围空气温度：周围空气温度上限为 +40℃，下限为 –5℃；且 24 h 的平均值不得超过 +35℃。

(2) 海拔：安装地点的海拔不得超过 2000 m。

(3) 大气条件：大气相对湿度在周围空气温度为 +40℃时不超过 50%；在较低温度下可以有较高的相对湿度；湿度最大的月的月平均最大相对湿度为 90%，同时该月的月平均最低温度为 +25℃，并需要考虑因温度变化产生在产品表面上的凝露。

(4) 污秽等级：污秽污染等级为 3 级。

4．维护和维修要点

注意点检时要检查空开是否有焦味、是否有明显电弧击伤，更换时应严格按照电路设计要求进行更换，严格核对电路的额定电流。

(二) 电动机断路器

当如图 3-11 所示的电动机断路器自行运作时可手动控制(可通过按钮控制或旋钮控制)，连接接触器时可远程控制。断路器中的集成热继－电磁设备提供电动机的保护；其所有带电部件均已防护，无法从前面板直接用手指触摸。电动器断路器中具有欠压脱扣模块，可以在欠压条件下断开；而分励脱扣模块的断开可采用远程控制。开放安装式和封闭式电动机断路器的操控器均可使用三个挂锁锁定在"N/C"位置。

图 3-11　电动机断路器

1．选择电动机断路器的原则

使用断路器来保护电动机时，必须注意电动机(主要是交流感应电动机)的两个特点：其一是具有一定的过载能力；其二是启动电流通常是额定电流的几倍(在逆运行或反接制动时甚至可达十几倍)。所以，为了保证电动机可靠地运行和顺利地启动，在选择断路器时应遵循以下原则：

(1) 按电动机的额定电流来确定断路器的长延时动作电流整定值。

(2) 断路器的 6 倍长延时动作电流整定值的可返回时间要长于电动机的实际启动时间。

(3) 对于断路器的瞬时动作电流整定值，笼型电动机应为 8～15 倍脱扣器额定电流，绕线型电动机应为 3～6 倍脱扣器额定电流。

对于需要频繁启动的电动机，如果断相运行概率不高或者有断相保护装置，采用熔断器与磁力启动器结合的方式来控制和保护也是比较合适的，而这种保护方式也便于远距离控制。

2．维护和维修要点

对电路进行维护时，需要将所有的空气开关全部关掉，根据要求依次打开或者关闭对应的断路器或者空开。

（三）熔断器

熔断器(fuse)是指当电流超过规定值时，以本身产生的热量使熔体熔断，断开电路的一种电器。熔断器广泛应用于高低压配电系统和控制系统以及用电设备中，作为短路和过电流的保护器，是应用最普遍的保护器件之一，如图 3-12 所示。

图 3-12　熔断器

熔断器是一种过电流保护器，主要由熔体和熔管以及外加填料等部分组成。使用时，熔断器串联于被保护电路中，当被保护电路的电流超过规定值，并经过一定时间后，由熔体自身产生的热量熔断熔体，使电路断开，从而起到保护的作用。熔断器具有反时延的特性，当过载电流小时，熔断时间长；过载电流大时，熔断时间短。因此，若在一定过载电流范围内，电流在短时间内恢复正常，则熔断器不会熔断，可以继续使用。

1．工作原理

熔断器利用金属导体作为熔体串联于电路中，当过载或短路电流通过熔体时，因其自身发热而熔断，从而分断电路。

2．常见种类

熔断器主要有以下几种：

(1) 插入式熔断器：这常用于 380 V 及以下电压等级的线路末端，作为配电支线或电气设备的短路保护用(如图 3-13 所示)。

(2) 螺旋式熔断器：熔体的上端盖有熔断指示器，一旦熔体熔断，指示器马上弹出，可透过瓷帽上的玻璃孔观察到。螺旋式熔断器分断电流较大，可用于电压等级 500 V 及其以下、电流等级 200 A 及以下的电路中作短路保护。

(3) 封闭式熔断器：封闭式熔断器分有填料熔断器和无填料熔断器两种。有填料熔断器一般用方形瓷管，

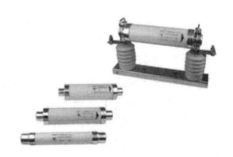

图 3-13　插入式熔断器

内装石英砂及熔体，分断能力强，用于电压等级 500 V 及以下、电流等级 1 kA 及以下的电

路中。无填料密闭式熔断器将熔体装入密闭式圆筒中，分断能力稍小，用于 500 V 及以下，600 A 及以下的电力网或配电设备中。

(4) 快速熔断器：快速熔断器主要用于半导体整流元件或整流装置的短路保护，如图 3-14 所示。由于半导体元件的过载能力很低，只能在极短时间内承受较大的过载电流，因此要求短路保护具有快速熔断的能力。快速熔断器的结构和有填料封闭式熔断器基本相同，但熔体材料和形状不同，它是以银片冲制的有 V 形深槽的变截面熔体。

图 3-14　快速熔断器

(5) 自复熔断器：采用金属钠作熔体，在常温下具有高电导率。当电路发生短路故障时，短路电流产生高温使钠迅速汽化，汽态钠呈现高阻态，从而限制了短路电流。当短路电流消失后，温度下降，金属钠恢复原来的良好导电性能。自复熔断器只能限制短路电流，不能真正分断电路。其优点是不必更换熔体，能重复使用。

3．熔断器选择要求

熔断器的选择主要依据负载的保护特性和短路电流的大小。对于容量较小的电动机和照明支线，常采用熔断器作为过载及短路保护，因而希望熔体的熔化系数适当小些。通常选用铅锡合金熔体的 RQA 系列熔断器。对于较大容量的电动机和照明干线，则应着重考虑短路保护和分断能力。通常选用具有较高分断能力的 RM10 和 RL1 系列的熔断器；当短路电流很大时，宜采用具有限流作用的 RT0 和 RT12 系列的熔断器。

熔体的额定电流可按以下方法选择：

(1) 保护无启动过程的平稳负载如照明线路、电阻、电炉等时，熔体额定电流应略大于或等于负荷电路中的额定电流。

(2) 保护单台长期工作的电机熔体时，电流可按最大启动电流选取，也可按下式选取：

$$I_{RN} \geqslant (1.5 \sim 2.5) I_N$$

式中，I_{RN}——熔体额定电流；I_N——电动机额定电流。如果电动机频繁启动，式中系数可适当加大至 3～3.5，具体应根据实际情况而定。

(3) 保护多台长期工作的电机时(供电干线)，应按下式进行选取：

$$I_{RN} \geqslant (1.5 \sim 2.5) I_{N\,max} + \sum I_N$$

式中，$I_{N\,max}$——容量最大的单台电机的额定电流；$\sum I_N$——其余电动机额定电流之和。

4．熔断器的维护和维修要点

熔断器的种类繁多，出现故障时，要按照熔断器的原有标准进行更换。一般检测时需要判断其是否有变形和损伤；检查熔断器各接触点是否完好，是否接触紧密，有无过热现象；还需要注意检测熔断器表面是否清洁，避免因不清洁而影响工作效果。

5．熔断器和断路保护器的区别

熔断器和断路保护器的相同点是都能实现短路保护，

熔断器的原理是利用电流流经导体会使导体发热，达到导体的熔点后导体融化，断开电路保护，使用电器和线路不被烧坏。熔断器导体熔化是热量累积的结果。

断路器也可以实现线路的短路和过载保护，不过原理不一样，它是通过电流磁效应(电磁脱扣器)实现短路保护，通过电流的热效应实现过载保护(不是熔断，大多不用更换器件)的。具体到实际中，当电路中的用电负荷长时间接近于所用熔断器的负荷时，熔断器会逐渐加热，直至熔断。熔断器是一次性的。而断路器的工作原理是当电路中的电流突然加大，超过断路器的负荷时，自动断开，它是对电路一个瞬间电流加大的保护，例如当漏电很大时，或短路时，或瞬间电流很大时的保护。查明原因后，可以合闸继续使用。熔断器的熔断是电流和时间共同作用的结果，而断路器，只要电流一过其设定值就会跳闸，时间作用几乎可以不用考虑。断路器是低压配电常用的元件。也有一部分地方适合用熔断器。

熔断器和断路器的性能比较如下：

1) 熔断器的主要优点

(1) 选择性好。上下级熔断器的熔断体额定电流只要符合国标和 IEC 标准规定的过电流选择比为 1.6∶1 的要求，即上级熔断体额定电流不小于下级的该值的 1.6 倍，就视为上下级能有选择性地切断故障电流；

(2) 限流特性好，分断能力高；

(3) 相对尺寸较小；

(4) 价格较便宜。

2) 断路器的主要缺点

(1) 故障熔断后必须更换熔体；

(2) 保护功能单一，只有一段过电流反时限特性，过载、短路和接地故障都用此防护；

(3) 发生一相熔断时，对于三相电动机将导致两相运转的不良后果，当然可用带发报警信号的熔断器予以弥补，一相熔断可断开三相；

(4) 不能实现遥控，需要与电动刀开关、开关组合才有可能实现。

(四) 接触器

接触器分为交流接触器(电压 AC)和直流接触器(电压 DC)，它应用于电力、配电与用电中。接触器广义上是指工业电中利用线圈流过电流产生磁场，使触头闭合，以控制负载的电器，如图 3-15 所示。

1. 基本介绍

接触器作为可快速切断交流与直流主回路和可频繁地接通大电流控制(某些型号可达 800 A)电路的装置，经常运用于电动机控制，也可用于控制工厂设备、电热器、工作母机和各样电力机组等。接触器不仅能接通和切断电路，而且还具有低电压释放保护作用。接触器控制容量大，适用于频繁操作和远距离控制，是自动控制系统中的重要元件之一。

图 3-15 接触器

2. 工作原理

当接触器线圈通电后，线圈电流会产生磁场，产生的磁场使静铁心产生电磁吸力吸引动铁心，并带动交流接触器点动作，一般常闭触点断开，常开触点闭合，两者是联动的。当线圈断电时，电磁吸力消失，衔铁在释放弹簧的作用下释放，触点复原，常开触点断开，常闭触点闭合。直流接触器的工作原理跟温度开关的原理有些类似。

3. 主要分类

按主触点连接回路的形式，接触器可分为：直流接触器、交流接触器。

按操作机构，接触器可分为：电磁式接触器、永磁式接触器。

4. 操作和维护要点

一般在数控车床上的接触器主要用于控制电机实现点动、长动、正反转的功能。在不断电情况下，系统无法正常运行时，可单独对接触器进行手动测试，测试注意符合安全规范要求。

（五）中间继电器

中间继电器(intermediate relay)用于继电保护与自动控制系统中，以增加触点的数量及容量。中间继电器在控制电路中用于传递中间信号，其结构和原理与交流接触器基本相同，与接触器的主要区别在于接触器的主触头可以通过大电流，而中间继电器的触头只能通过小电流。中间继电器一般是没有主触点的，因为过载能力比较小，所以它用的全部都是辅助触头，数量比较多。新国标对中间继电器定义的符号是 K，老国标是 KA。中间继电器一般是直流电源供电，少数使用交流供电。

1. 结构与原理

中间继电器的线圈装在"U"形导磁体上，导磁体上面有一个活动的衔铁，导磁体两侧装有两排触点弹片。在非动作状态下触点弹片将衔铁向上托起，使衔铁与导磁体之间保持一定间隙。当间隙中的电磁力矩超过反作用力矩时，衔铁被吸向导磁体，同时衔铁压动触点弹片，使常闭触点断开常开触点闭合，完成继电器工作。当电磁力矩减小到一定值时，由于触点弹片的反作用力矩，会使触点与衔铁返回到初始位置，准备下次工作。

2. 操作与维护要点

应定期检测中间继电器是否得电正常，是否有接线脱落等情况。

（六）开关电源

开关电源(如图 3-16 所示)是数控系统中必要的设备，一般使用 5～10 年以后，开关电源容易产生老化等现象，需要对其定期进行检测和维护。数控设备开关电源一般为输出 24 V 直流电的开关电源。当系统无法启动时，应首先查看相关设备是否正常，输出是否符合要求，必要的话可通过交换法交换开

图 3-16 开关电源

关电源来检测开关电源是否正常。

1. 开关电源的组成

开关电源由主电路、控制电路、检测电路、辅助电源四大部分组成。

1) 主电路

主电路由冲击电流限幅、输入滤波、整流与滤波、逆变、输出整流与滤波等电路组成。

冲击电流限幅：限制接通电源瞬间输入侧的冲击电流。

输入滤波：过滤电网存在的杂波及阻碍本机产生的杂波反馈回电网。

整流与滤波：将电网交流电直接整流为较平滑的直流电。

逆变：将整流后的直流电变为高频交流电，这是高频开关电源的核心部分。

输出整流与滤波：根据负载需要，提供稳定可靠的直流电源。

2) 控制电路

控制电路一方面要从输出端取样，与设定值进行比较，然后去控制逆变器，改变其脉宽或脉频，使输出稳定，另一方面，要根据测试电路提供的数据，经保护电路鉴别，对电源进行各种保护措施。

3) 检测电路

检测电路主要来保护电路中正在运行中的各种参数和各种仪表数据。

4) 辅助电源

辅助电源主要用来实现电源的软件(远程)启动，为保护电路和控制电路(PWM 等芯片)工作供电。

2. 接线引脚

接线引角主要有以下几个：

- L：接 220 V 交流火线。
- N：接 220 V 交流零线。
- FG：接大地。
- G：直流输出目的地。
- +24 V：输出 +24 V 点的端口。
- ADJ：在一定范围内调节输出电压。开关电源上输出的额定电压本来出厂时是固定的，也就是标称额定输出电压，设置此电位器可以让用户根据实际使用情况在一个较小的范围内调节输出电压，一般情况下是不需要调整它的。

3. 操作和维护要点

开关电源的维修可分为以下两步进行。

1) "看、闻、问、量"

开关电源的维修必须在断电情况下进行。

- 看：打开电源的外壳，检查保险丝是否熔断，再观察电源的内部情况，如果发现电源的 PCB 上有烧焦处或有元件破裂，则应重点检查此处元件及相关电路元件。
- 闻：闻一下电源内部是否有焦糊味，检查是否有烧焦的元器件。
- 问：询问电源损坏的经过，是否对电源进行了违规操作。

·量：通电前，用万用表测量高压电容两端的电压。如果是开关电源不起振或开关管开路引起的故障，则大多数情况下高压滤波电容两端的电压未泄放掉，此电压有 300 多伏，需小心。用万用表测量 AC 电源线两端的正反向电阻及电容器充电情况，电阻值不应过低，否则电源内部可能存在短路，电容器应能充放电。脱开负载，分别测量各组输出端的对地电阻，正常时，表针应有电容器充放电摆动，最后指示的应为该路的泄放电阻的阻值。

2) 加电检测

通电后观察电源是否有烧断保险丝及个别元件冒烟等现象，若有要及时切断供电进行检修。测量高压滤波电容两端有无 300 V 输出，若无应重点检查整流二极管、滤波电容等。测量高频变压器次级线圈有无输出，若无应重点查开关管是否损坏、是否起振、保护电路是否动作等，若有则应重点检查各输出侧的整流二极管、滤波电容、三通稳压管等。如果电源启动一下就停止，则该电源处于保护状态下，可直接测量 PWM 芯片保护输入脚的电压，如果电压超出规定值，则说明电源处于保护状态下，应重点检查产生保护的原因。

(七) 其他主令控制电器

急停开关属于主令控制电器的一种，当机器处于危险状态时，通过急停开关切断电源，停止设备运转，达到保护人身和设备安全的目的。急停开关如图 3-17(a)所示。

按钮开关(push-button switch)是指利用按钮推动传动机构，使动触点与静触点接通或断开并实现电路换接的开关。按钮开关是一种结构简单，应用十分广泛的主令电器，在电气自动控制电路中，用于手动发出控制信号以控制接触器、继电器、电磁启动器等，如图 3-17(b)所示。

(a) 急停开关　　　　　　　　　　(b) 按钮开关

图 3-17　急停开关与按钮开关

 试一试

打开数控维修实验台中每台设备的电气柜，详细记录它有哪些元器件，并将其型号、规格填入表 3-1 中。

表 3-1 元器件、型号规格填写单

序号	名　称	规　格	个　数

【知识梳理】

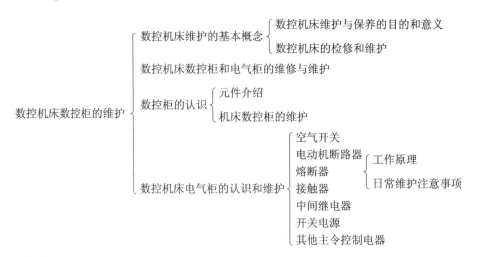

【学后评量】

1. 数控机床检修按时间安排有哪几种？

2. 通常需要对数控机床数控柜和电气柜进行哪些维护？

3. 请对照图 3-18，说出每个接口的定义。

4. 列举常见电气柜中的元器件，并简述其工作原理。

5. 当 FANUC 设备系统无法启动时，对于其开关电源的检测应注意哪些要点？

图 3-18 FANUC 设备数控柜图

课题三 数控机床散热通风系统的维护

【学习目标】

1. 了解数控机床常见的散热通风形式。
2. 了解数控机床散热风扇的安装方法及常见的故障排除方法。

【课题导入】

如图 3-19 所示为常见的数控机床散热系统中的散热装置，分别是常见的 FANUC 系统风扇(电气柜通风风扇)、主轴散热风扇、电气柜空调。一般来说，主轴散热风扇的寿命较长，长于机器寿命，只要正常使用，一般不会损坏。系统中的风扇因随空气环境和系统情况的改变一般在工作 5～10 年后会有不同程度的老化，必要时可以适当更新，而机柜空调是安装厂家根据机床工作环境自行配置的，一般损坏后可购买相同的设备进行更换。

图 3-19 轴流风扇、主轴风扇、电气柜空调

【知识链接】

本篇对常见的 FANUC 系统风扇作以介绍，讲解风扇的拆装及故障排除。

一、风扇拆装的方法

安全提示：打开机柜更换风扇电机时，注意不要触到高压电路部分(带有标记，并配有绝缘盖)。触摸不加盖板的高压电路，会导致触电。表 3-2 为 FANUC 系统风扇的规格。

表 3-2 FANUC 系统风扇的规格

	备货规格	安装位置	个数
不带选项插槽	A02B-0309-K120	FAN1(右)	1
	A02B-0309-K120	FAN1(左)	1
带选项插槽	A02B-0309-K120	FAN1(右)	1
	A02B-0309-K121	FAN1(左)	1

风扇拆装步骤如下：

(1) 更换风扇电机时，必须切断机床(CNC)的电源。

(2) 拉出要更换的风扇电机。抓住风扇单元的闩锁部分，一边拆除壳体上附带的卡爪一边将其向上拉出，如图 3-20 所示。

(3) 安装新的风扇单元。推压新的风扇单元，直到风扇单元的卡爪进入壳体，如图 3-21 所示。

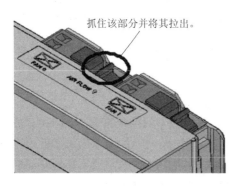

抓住该部分并将其拉出。

图 3-20　拉出风扇电机

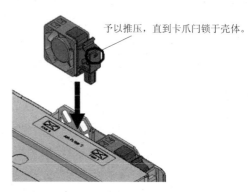

予以推压，直到卡爪闩锁于壳体。

图 3-21　安装新的风扇单元

二、与 FANUC 相关的电气风扇报警和处理策略

(一) 逆变器、(X、Z 轴)变频器散热故障报警

报警号：444 n 轴：逆变器冷却风扇故障(发生在过热之前)

601 n 轴：逆变器散热风扇故障(发生在过热之前)

443 n 轴：变频器冷却风扇故障(1 分钟)

606 n 轴：变频器散热扇停转(发生在过热之前)

以上故障一般较少出现，变频器和逆变器如果没有配 FANUC 原配的设备，报警不一定出现，如出现则应该及时进行替换，同时观察表 3-3 所示的 PMC 中的参数。

表 3-3　PMC 中的参数

警告状态信号发生后，到发出报警之前的时间	SVWRN1 <F093.4>	SVWRN2 <F093.5>	SVWRN3 <F093.6>	SVWRN4 <F093.7>
444 n 轴: 逆变器冷却风扇故障	1	0	0	0
601 n 轴: 逆变器散热风扇故障	1	0	0	1
443 n 轴: 变频器冷却风扇故障	1	1	0	0
606 n 轴: 变频器散热扇停转	1	1	0	1

(二) 主轴相关报警

报警号：56：冷却风扇故障

88：变频器散热扇停转

01：电机过热

以上报警在一些中小型企业中出现较多，而且出现报警为警告，主轴可继续运行，也有一些产品，因设备输出功率有限，出于安全保护的原则，厂家在出现警告时就会停止主轴运转，必要时可根据 PMC 的参数进行修改。

(三) 系统风扇报警

报警号：455(如图 3-22 所示)

风扇 455 报警出现在开机过程中，一般由风扇不良所致，可采用替换法进行测试。

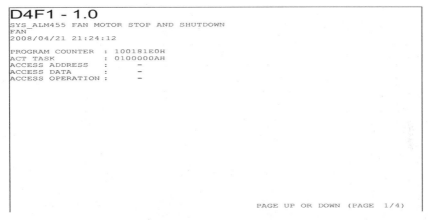

图 3-22　系统风扇报警

(四) 风扇的短期解决策略

一般风扇报警大多数为低级别的警告，不影响系统和设备继续运行，如工作过程中偶发报警可停止工作一段时间后，再进行工作。当急需完成任务时，可通过 PMC 修改报警内容，临时屏蔽相关报警，等完成任务后继续维修。

风扇故障的长期解决策略：首先应该检测故障为电气还是机械故障，主要通过风扇电压是否稳定，风扇传感器是否工作正常来判断，其次检查风扇是否转动正常，是否有迟滞现象，若确定是电气问题，则应及时更换电路元器件，如确定是风扇问题则应更换风扇。

风扇机械故障一般有两种，一种可直接购买更换，一种需要拆卸部件更换。对于可直接更换的应做好备件，对于需要拆卸部件的，应协同机械维修工进行吊装拆卸(如主轴风扇)。拆卸完成后应试运行 72 小时，保证牢固可靠才能消除相关报警。

想一想

　　系统出现 611、9113 号报警后，经检查发现电源模块冷却片风扇不转，更换另一台正常运转的风扇后正常工作，确认风扇损坏。购买同一类型的风扇更换后仍旧出现上述报警(风扇正常运转)，经检查发现此风扇虽然是同一厂家生产但电流较之原来的 0.1 A 大了 0.03 A，再将之与主轴驱动模块上的风扇实施对调，不再出现 611、9113 号报警，但在 CRT 上出现 "FAN" 闪烁，不影响加工。问：是否风扇的检测并不依赖热敏电阻之类的检测元件，而仅仅是电流大小的检测而已？请写出解决策略。

三、机床电柜的散热

安装在电柜内部的元件产生的热量会使电柜内部的温度升高。因为产生的热通过电柜自身表面散热，电柜的内部温度和电柜的外部温度会在一定的热水平上保持平衡，如果产生的热是一个常量，电柜的表面积越大，电柜内部的温升就越慢。要进行电柜的温升设计，就要计算电柜内产生的热量，估算电柜的表面面积。如果需要，可以通过安装电柜内部的热交换器来改善交换条件，如图 3-23 所示。

图 3-23　使用了热交换器或者空调的电柜

(一) 电柜内部的温升

用钣金制造的电柜的散热能力通常为 6 W/℃·m^2。其含义为：若电柜内部有 6 W 的热源，并且表面积为 1 平方米，当电柜内外的温度达到平衡时，电柜内部的温度上升 1℃。这里的电柜表面积指电柜的有效散热面积，也就是电柜的总面积减去电柜与地板接触的面积。这里有两个前提条件：电柜内部的空气必须有风扇进行循环并且电柜内部的温度必须近似保持恒定。根据控制单元的温度需要，为了限制电柜内部和外部的温度差低于 13℃，当电柜内部的温度升高时必须符合下面的表达式：

$$内部发热量\ P[W] \leqslant 6[W/m^2 \cdot ℃] \times 表面面积\ S[m^2] \times 温升\ 13[℃]$$

例如，一个电柜有 4 平方米的散热面积，其散热能力为 24W/℃。在这种条件下，为了能满足内部温升小于 13℃，则内部的热源就不能超过 312 W，如果实际的内部热源为 360 W，则电柜内部的温度将上升 15℃或更高。当这种情况发生时，电柜的散热能力必须通过热交换器进行改善。0i 系列的强电柜内包含 I/O 单元，当电柜内部温度升高时电柜内部和外部的温度差必须限制在 10℃以下而不是 13℃。

(二) 使用热交换器进行散热

如果电柜的内部温升不能通过电柜自身的散热能力限制在 10℃以下，就必须安装一个热交换器。热交换器通过强制对流使得电柜内外部的空气都流向冷却风扇来获得有效的冷却。热交换器的效果就如同扩大了散热面积。

(三) 电柜箱散热的整体要求与维护

整体要求：设备的散热是由自然对流或空调强制冷却实现的。在这两种情况下必须确保冷却风的方向和重力方向相反，从下至上对设备组进行散热。将冷却装置安放在合适的位置或者通过软管或管道传导冷却风，可以使冷却风大面积地吹向目的地。

注意：建议将温度设置为 35℃左右。将柜内温度设置为更低值会导致冷却装置过度磨损，形成更多的冷凝水，消耗更多电能以及增加空气相对湿度并最终形成凝露。同时，还会导致设备故障。当柜内温度和柜外温度温差过大时，打开配电柜，凝露会导致设备故障。

实际操作维护要点：设置电柜箱散热的空调温度为 35℃以下，经常检测内部是否有冷凝水，根据实际情况进行相关的调整和改变。

【知识梳理】

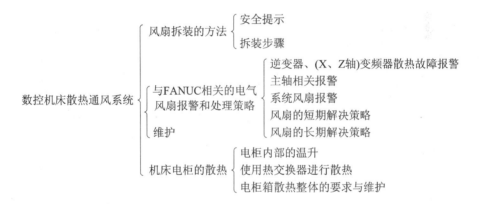

【学后评量】

1. 简述系统风扇的拆装过程。
2. 简述常见的系统风扇报警处理方法和过程。
3. 在工作时，某主轴电机过热报警，请简述解决方法和策略。

课题四　数控机床数控系统的输入/输出装置的维护

【学习目标】

1. 了解数控机床中常见的输入/输出装置。
2. 熟悉数控机床中常见的 I/O 装置参数设置。
3. 了解常见的 I/O 装置故障与解决策略。

【课题导入】

输入/输出装置是什么？对于数控系统来说，常见的输入装置主要有输入 MDI 键盘、急停、手摇脉冲发生器、RS-232 工业通信接口，如图 3-24 所示。输出装置主要有显示器、输入/输出单元，如图 3-25 所示。

(a) MDI 键盘

(b) 急停

(c) 手摇脉冲发生器

(d) RS-232 工业通信接口

图 3-24　常见的数控系统输入装置

(a) 输入/输出单元

(b) 显示器

图 3-25　常见的数控系统输出装置

【知识链接】

一、常见的输入/输出设备

(一) MDI 键盘的连接和维护

MDI 键盘是工作中必不可少的元器件，我们输入程序和修改程序基本都要通过它来执行。

按如图 3-26 所示将 MDI 键盘连接可靠即可，当安装完成时可以听到清脆的卡塔的声音，表示安装可靠。MDI 键盘一般都做了适当的防水、防潮处理，耐用度一般可超过机床的寿命。平时使用时要注意减少汗渍、油渍的沾染，防止对 MDI 键盘表面的腐蚀。

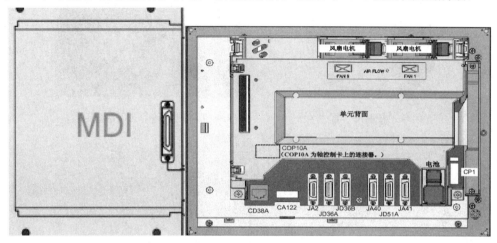

图 3-26　MDI 键盘连接方法

(二) 急停开关装置

急停装置连接如图 3-27 所示，一般设备关机前后、调试过程中，应主动压下急停开关，避免其他操作。

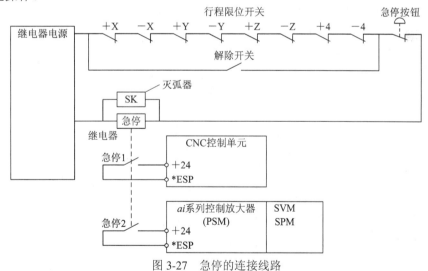

图 3-27　急停的连接线路

(三) 手摇脉冲装置

手摇脉冲装置有两种(如图 3-28 所示)，一种是单手摇脉冲装置(数控车较多)，还有一种是带轴选、倍率的手持式手轮。这两种手摇脉冲装置在系统内部的接线略有不同(如图 3-29 所示)。

(a) 单手摇脉冲装置　　　　　　(b) 带轴选、倍率的手持式手轮

图 3-28　手摇脉冲

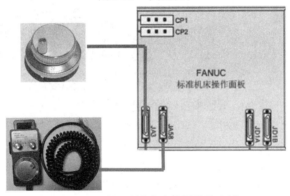

图 3-29　不同手摇脉冲装置连线方法

由于手摇脉冲的使用频率较高，容易出现手摇损坏的情况，需要通过端子排将相关线路接好。日常只要对手摇脉冲装置注意防水即可。

如图 3-30 所示为常见的手摇脉冲信号发生器的连接线示意图。按照 FANUC 的说明书和此示意图连接到端子排，即可完成手摇脉冲装置的连接。

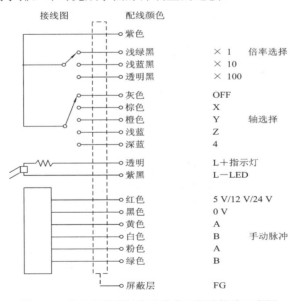

图 3-30　常见手摇脉冲信号发生器的连接线示意图

(四) 通信接口

FANUC 入门型设备基本具备 RS-232 接口、RJ45 接口等，有的还支持 PCMIA 卡的插槽，可满足 DNC 通信和工业控制。

1. RS-232 接口

为了避免电脑的串口漏电烧坏 NC 接口，RS-232 接口要求按照如图 3-31 所示连接，同时在 DNC 操作过程中容易出现断连问题，所以 FANUC 等系统厂商一般保留但不推荐优先使用 RS-232 接口。对于此类接口的维护，需要日常除尘，并检查接口线是否出现断针等问题。

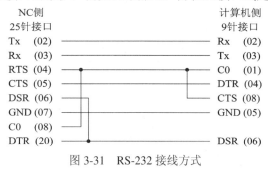

图 3-31 RS-232 接线方式

2. PCMIA 插口

PCMIA 插口一般为插入 CF 卡做准备，通常离线 DNC 就需要这样的卡槽。注意 PCMIA 卡一般都带有防插错的卡扣，轻轻按下即可，如图 3-32 所示。

图 3-32 CF 卡转 PCMIA 插槽

3. RJ45 网口

RJ45 是布线系统中信息插座(即通信引出端)连接器的一种。连接器由插头(接头、水晶头)和插座(模块)组成，插头有 8 个凹槽和 8 个触点。RJ 是 Registered Jack 的缩写，意思是"注册的插座"。在 FCC(美国联邦通信委员会标准和规章)中 RJ 是描述公用电信网络的接口，计算机网络的 RJ45 是标准 8 位模块化接口的俗称。近几年来 RJ 接口成为了数控机床通信的标配。目前 RJ45 接口承担了 DNC 通信、工控网络、FTP 等功能。

(五) 显示器

显示器(如图 3-33 所示)是典型的输出设备。FANUC 和西门子设备引入中国后，显示器从最初的显像管转变为单色显示器，最后又变成液晶全彩显示器。它的主要布局有 10.4 英寸和 8.4 英寸。

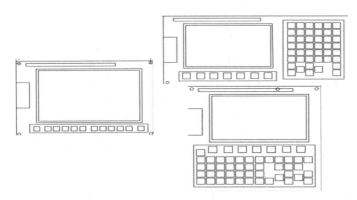

图 3-33　显示器布局图(左 10.4 英寸、右 8.4 英寸 MDI 布局)

对于显示器的维护，只要保持显示器周围散热正常、保燥即可，平时可用干抹布定期擦拭。

(六) 输入/输出单元

输入/输出单元有很多种类型，其中最典型的为 CB104-CB107 I/O 模块和 CE56/CE57 I/O 模块。以 CE56/CE57 模块为例，其连接线如图 3-34 所示。

CE56	A	B
01	0 V	+24 V
02	Xm+0.0	Xm+0.1
03	Xm+0.2	Xm+0.3
04	Xm+0.4	Xm+0.5
05	Xm+0.6	Xm+0.7
06	Xm+1.0	Xm+1.1
07	Xm+1.2	Xm+1.3
08	Xm+1.4	Xm+1.5
09	Xm+1.6	Xm+1.7
10	Xm+2.0	Xm+2.1
11	Xm+2.2	Xm+2.3
12	Xm+2.4	Xm+2.5
13	Xm+2.6	Xm+2.7
14	DICOM0	
15		
16	Yn+0.0	Yn+0.1
17	Yn+0.2	Yn+0.3
18	Yn+0.4	Yn+0.5
19	Yn+0.6	Yn+0.7
20	Yn+1.0	Yn+1.1
21	Yn+1.2	Yn+1.3
22	Yn+1.4	Yn+1.5
23	Yn+1.6	Yn+1.7
24	DOCOM	DOCOM
25	DOCOM	DOCOM

CE57	A	B
01	0 V	+24 V
02	Xm+3.0	Xm+3.1
03	Xm+3.2	Xm+3.3
04	Xm+3.4	Xm+3.5
05	Xm+3.6	Xm+3.7
06	Xm+4.0	Xm+4.1
07	Xm+4.2	Xm+4.3
08	Xm+4.4	Xm+4.5
09	Xm+4.6	Xm+4.7
10	Xm+5.0	Xm+5.1
11	Xm+5.2	Xm+5.3
12	Xm+5.4	Xm+5.5
13	Xm+5.6	Xm+5.7
14		DICOM5
15		
16	Yn+2.0	Yn+2.1
17	Yn+2.2	Yn+2.3
18	Yn+2.4	Yn+2.5
19	Yn+2.6	Yn+2.7
20	Yn+3.0	Yn+3.1
21	Yn+3.2	Yn+3.3
22	Yn+3.4	Yn+3.5
23	Yn+3.6	Yn+3.7
24	DOCOM	DOCOM
25	DOCOM	DOCOM

图 3-34　CE56/CE57 模块输入/输出信号连接图

图中的 B01 脚中的 +24 V 是指输出 24 V 信号，不要将外部 24 V 接入到该管脚。如果需要使用连接器的 Y 信号，请将 24 V 输入到 DOCOM 管脚。CE56 的 DICOM0 和 CE57 的 DICOM5 建议接至 0 V。

试一试

在教师的带领下，打开数控维修实验台或者数控机床，认识数控机床中常见的 I/O 装置。

二、常见 I/O 装置的参数设置

(一) 手摇脉冲装置的安装

1. 手轮相关参数设定

(1) 手轮使用允许参数设定。

参数设定：8131	#7	#6	#5	#4	#3	#2	#1	#0
								HPG

#0：HPG 　 0：不使用手轮；1：使用手轮。

(2) JOG 方式下手轮的使用。

参数设定：7100	#7	#6	#5	#4	#3	#2	#1	#0
								JHG

#0：JHG 　 0：在JOG方式下，手轮进给不可以使用；
　　　　　　 1：在JOG方式下，手轮进给可以使用。

(3) 手轮进给倍率系数参数设定。

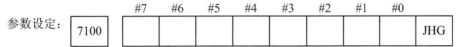

参数设定：7113 　 手轮进给倍率 m

数据范围：1～2000，此参数设定手轮进给移动量选择信号 MP1=0、MP2=1 时的倍率为 m。

参数设定：7114 　 手轮进给倍率 n

数据范围：1～2000，此参数设定手轮进给移动量选择信号 MP1=1、MP2=1 时的倍率为 n，如表 3-4 所示。

手轮倍率信号地址及指定方法如下：

设定地址：G0019	#7	#6	#5	#4	#3	#2	#1	#0
			MP2	MP1				

表 3-4 信号 MP1 = 1、MP2 = 1 时的倍率

MP2	MP1	倍率	MP2	MP1	倍率
0	0	×1	1	0	×m
0	1	×10	1	1	×n

各轴手轮进给最大速度设定如下：

参数设定：

1434	各轴手轮进给最大速度

　　　　　　单位：mm/min

手轮进给时允许的累计脉冲量设定如下：

参数设定：

7117	手轮进给时允许的累计脉冲量

　　　　　　单位：mm/min

数据范围：0～999 999 999。此参数设定了在指定的超过快速移动速度的手轮进给时，不舍去超过快速移动速度量的来自手摇脉冲发生器的脉冲而予以累积的允许量。

2. 手轮的连接

1) 手轮的硬件连接

(1) 手轮接口编号。手轮一般通过 I/O Link 连接到系统。接口编号如表 3-5 所示。

(2) 手轮的连接。

手轮安装在 0i 用 I/O 单元上时，JA3 实际位置如图 3-35 所示。

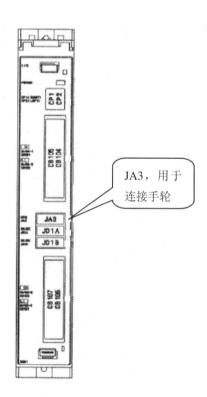

表 3-5　接　口　编　号

设备模块名称	接口编号
分线盘 I/O 模块	JA3
机床操作面板 I/O 模块	JA3
0i 用 I/O 单元	JA3
标准机床操作面板	JA3/JA58

JA3，用于
连接手轮

图 3-35　I/O 单元 JA3 位置图

手轮安装在标准机床操作面板上时，JA3 的实际位置如图 3-36 所示。JA58 用于具有轴选和倍率选择信号的悬挂式手轮。

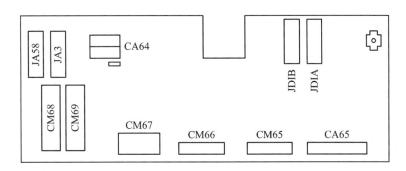

图 3-36　机床操作面板手摇接口位置图

手轮接口 JA3 的接线如图 3-37 所示。

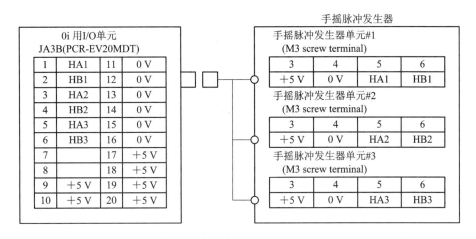

图 3-37　JA3 接线图

2) 手轮的地址分配

参数设定：

	#7	#6	#5	#4	#3	#2	#1	#0
7105							HDX	

#1：HDX I/O Link 连接的手轮；0：假设为自动设定；1：假设为手动设定。
自动设定时，手轮选择组号最小的从属装置连接。参数为 12300～12303，自动设定。
手动设定时，需要设定如表 3-6 所示的参数。

表 3-6　手轮手动设定参数选择

参数设定：	12300	第 1 手轮对应的 X 地址
	12301	第 2 手轮对应的 X 地址
	12302	第 3 手轮对应的 X 地址

手轮地址分配时应注意以下几个问题：

(1) 连接手轮的模块必须为 16 个字节。一般情况下，手轮连接在离 CNC 最近的一个 16 字节(0C02I)的 I/O 模块的 JA3 接口上，这种情况下，可以使用上述的手轮连接"自动设定"方式。

(2) 手轮如果没有连接在离 CNC 最近的 16 字节的 I/O 模块上，则必须设定系统参数为 7105#1 = 1，使用手轮连接为"手动方式"，并在参数 12300～12302 中分配手轮相对应的地址。

(3) 在分配手轮的 16 字节 I/O 模块时，必须把最后四个字节分配给手轮，也就是 Xm + 12～Xm + 15，其中 Xm + 12～Xm + 14 分别对应三个手轮的输入信号。如果只连接了一个手轮，旋转一个手轮时可以看到 Xm + 12 中信号在变化，Xm + 15 用于输出信号的报警。

3．手轮功能操作调试

(1) 手轮操作时应确认以下参数：

　　　参数 8131 = xxxx xxx1　　　(手轮功能允许)

　　　参数 1434 = 4000.0　　　　(手轮进给最大速度)

　　　参数 7110 = 1　　　　　　(手摇脉冲发生器台数)

　　　参数 7113 = 100　　　　　(手轮进给倍率 × m 倍)

　　　参数 7114 = 0　　　　　　(手轮进给倍率 × n 倍)

　　　参数 7117 = 0　　　　　　(手轮进给时允许的累计脉冲量)

(2) 按下机床操作面板上的手轮方式键 ⌾，选择手轮操作方式。

(3) 按 | X | Y | Z | 键，选择手轮方式的进给轴。

(4) 按下 | ×1 | ×10 | ×100 | ×1000 | 键，选择手轮进给倍率。

(5) 转动手摇脉冲发生器，在仅发出一个脉冲的情况下，确认动作。

(6) 当选择手轮方式以外的运行方式时，确认手轮进给轴选择和倍率选择指示灯自动切断。

(7) 快速摇动手轮，确认手轮进给的速度不会超过参数 1434 设定的最大速度。

 试一试

　　在教师的带领下，尝试给数控维修实验台上的手摇脉冲发生器进行更换。

(二) 通信接口

1．RS-232 接口

RS-232 接口一般比较简单，容易出现 86 号和 87 号报警，只要机器和 PC 端参数设置相同即可，如表 3-7 所示。

表 3-7 机器和 PC 端参数设置

ISO 代码	0000#1	1
I/O 通道设定	0020#0	0
TV 检查与否	0100#1	1
EOB 输出格式	0100#2	1
EOB 输出格式	0100#3	0
停止位位数	0101#0	1
数据输出时 ASCII 码	0101#3	1
FEED 不输出	0101#7	1
使用 DC1～DC4	0102	0
波特率 9600	0103	11

2. 以太网功能

以太网功能的全称是 FOCAS2 / Ethernet Function，其中 FOCAS 是 FANUC Open CNC API Specifications 的缩写，后面的 2 是版本号。目前通用的是第 2 版，第 1 版适用于早期的系统，对于 0i 系统，两个版本没有什么太大的区别。FANUC 与以太网相关的软件功能，都是在这个平台上完成的。目前最新型的 0i-F 标配的功能如表 3-8 所示。

表 3-8 以太网能实现的功能

功能项目(0iF)	
FANUC LADDER Ⅲ	√
SERVO GUIDE	√
FTP 文件传输	√
DNC 加工	√
BOP2	√
CNC 画面显示功能	√
FANUC 程序传输软件	√
基于 FOCAS2 开发软件	√(*)

目前对于企业普通员工使用较多的为 DNC 加工传输，这里以 DNC 功能为例来介绍。

1) DNC 功能

以太网的 DNC 功能与 RS-232 的基本相同，首先要进行参数的设置，如表 3-9 所示。

表 3-9　20 号参数以太网设定

设定值	内　容
0，1	RS-232-C 串行端口 1
2	RS-232-C 串行端口 2
4	存储卡接口
5	数据服务器接口
6	通过 FOCAS2/Ethernet 进行 DNC 运行或 M198 指令
9	嵌入式以太网接口
17	USB 存储器接口

参数 No.20 设置为 9；参数 No.14885#1 = 1 表示 DNC 采用以太网。然后按照以下步骤进行设置。

(1) 按如下设置执行命令，出现如图 3-38 所示的界面。

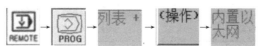

(DNC 按键)

在设置过程中参数默认即可，如需改动应参考相关的连接说明书进行更改。以太网读取文件时应以共享的方式进行，如图 3-38 所示。

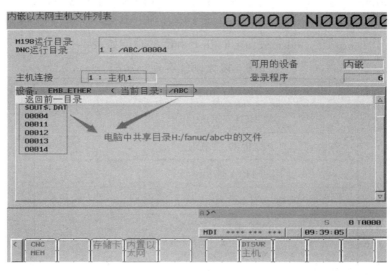

图 3-38　以太网 DNC 设置及电脑 PC 端设置

(2) 选择对应的文件，按如图 3-39 所示设定 DNC 功能，并循环启动。

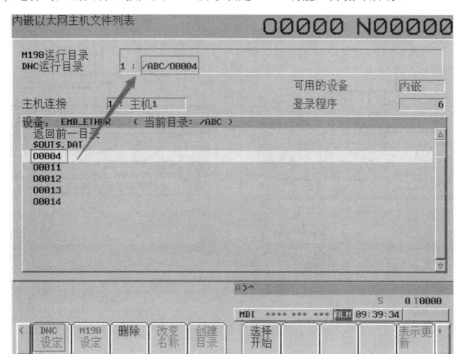

图 3-39　DNC 功能设定

2) FTP 功能

FANUC 系统的数据服务器功能，主要用于加工程序存储空间的扩展以及使用数据服务器方式的 DNC 加工。数据服务器的数据传输基于快速以太网，使用 FTP 文件传输协议。简单来说，数据服务器功能建立在快速以太网的基础上，可以用硬盘或 CF 存储卡完成 DNC 加工。数据服务器方式进行 DNC 加工比普通 DNC 加工更加可靠，也更加稳定。另外，因为数据服务器使用了 FTP 文件传输协议，所以在电脑上可以完全脱离 FANUC 的软件进行各种传输工作，更具灵活性。目前网络上与 FTP 相关的软件很多，使用非常方便。

FTP 共有两个模式。

(1) 存储(STORAGE)模式。此种模式相当于用快速数据服务器板本身作为数据服务器的存储介质。DNC 加工时，程序从板载 CF 卡输出到 CNC；而 CF 卡上的加工程序则事先通过外部电脑传入，传输的时候同样使用 FTP 协议与电脑建立连接，数据流向如图 3-40 所示。使用存储模式时，必须使用板载 CF 存储卡，并将 20# 参数设为 5。在此模式下，DNC 加工的程序将直接来自于 CF 卡，不需要借助外部设备，工作更加稳定。

(2) FTP 模式。此种模式相当于用外部电脑作为数据服务器的存储介质。DNC 加工时，程序直接从电脑输出到 CNC，数据流向如图 3-41 所示。使用 FTP 模式时，也要将 20# 参数设为 5，但不需要使用额外的板载 CF 卡。由于 DNC 加工程序是通过 FTP 协议直接从电脑上读取的，所以需要在电脑上安装相应的 FTP 服务器控制软件(如 IIS、Serv-U 等)。

以上两种模式的操作需参考相关连接参数说明书。

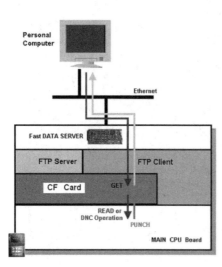
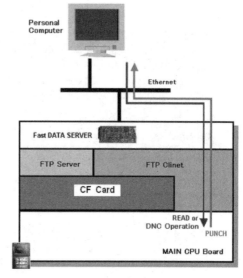

图 3-40　存储模式 FTP　　　　　　　　图 3-41　FTP 模式

试一试

　　在数控维修实验台上，通过查询连接说明书组建以上任意一种通信方式。

三、常见的 I/O 故障和解决策略

　　在日常生产生活中，I/O 故障总共分为两类，一类是 I/O 口的松脱，一类是参数通信连接错误。对于第一类错误，应及时查明是哪个 I/O 模块出现的问题，并在断电情况下尝试重新连接，如有端口损坏，应及时更换。对于第二类错误，应认真查询连接手册，仔细核对相关参数设定，经过核对可以实现基本故障的排除。

【知识梳理】

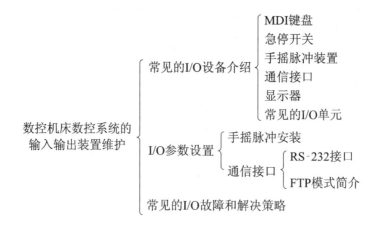

【学后评量】

1. 常见的 I/O 设备有哪些？请列举其功能和特点。
2. 手摇脉冲发生装置的连接方法有哪几种？
3. RS-232 通信应如何设置参数？
4. 当通故障出现时，应如何解决？

课题五　数控系统 CMOS RAM 电池的维护

【学习目标】

1. 了解 CMOS RAM 电池的维护。
2. 掌握 CMOS 参数的自动备份和恢复。
3. 了解 CMOS RAM 电池与保险丝的更换和维护。

【课题导入】

某天，车间数控机床出现 BAT 报警，参数全部丢失，应如何解决？

当电池的电压下降时，在 LCD 画面上会闪烁显示警告信息"BAT"，同时向 PMC 输出电池报警信号。出现报警信号显示后，应尽快更换电池，在 1~2 周内只是一个大致标准，实际能够使用多久则因不同的系统配置而有所差异。如果电池的电压进一步下降，则不能对存储器提供电源。在这种情况下接通控制单元的外部电源，就会导致存储器中保存的数据丢失，系统警报器将发出报警。在更换完电池后，需要清除存储器的全部内容，然后重新输入数据。

【知识链接】

一、CMOS 电池和保险丝的更换

（一）CMOS 电池的更换

对于 CMOS RAM 电池，一旦发生 BAT 报警，应及时进行更换，以避免数据丢失，根据 FANUC 的建议每年要更换一次。

在 CNC 控制单元内安装锂电池的方法如下：

(1) 准备电池单元(备货规格：A02B-0309-K102)。

(2) 拉出 CNC 单元背面右下方的电池单元。抓住电池单元的闩锁部分，一边拆除壳体上附带的卡爪一边将其向上拉出，如图 3-42 所示。

(3) 安装上准备好的新电池单元，推压新电池，直到电池单元的卡爪进入壳体，确认闩锁已经切实挂住，如图 3-43 所示。

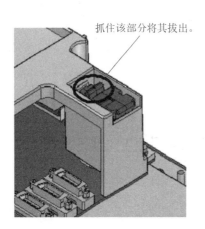

图 3-42 拉出 CNC 单元电池

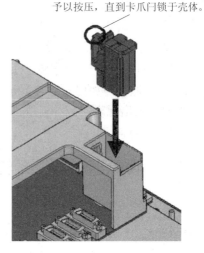

图 3-43 安装上准备好的新电池单元

(二) 更换保险丝

在数控 CNC 装置中有 4～5 个保险丝,与一般情况下保险丝的拔出方法类似,保险丝拔出后可通过目测法或电阻法检测保险丝是否熔断,若熔断,则应按照系统要求进行更换,如图 3-44 所示。

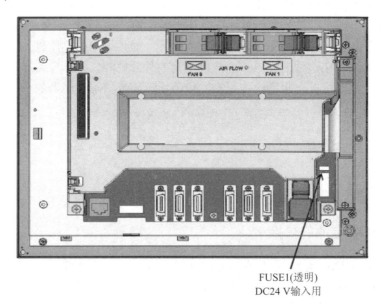

图 3-44 CNC 保险丝位置

在进行保险丝的更换作业之前,注意要先排除保险丝烧断的原因。因此,必须由在维修及安全方面受过充分培训的人员进行。在打开机柜更换保险丝时,小心不要接触高压电路部分(标有高压危险标记并配有绝缘盖)。若取下盖板,接触该部分,就会触电。

二、参数备份概述

在机床所有参数调整完成后，需要对出厂参数等数据进行备份，并存档，最好是厂里有一份存档，随机给用户一份(光盘)，用于万一机床出故障时的数据恢复。数据的备份可借助系统之外的设备，也可进行自动备份。FANUC 系统自带 CF 卡、USB 接口、以太网接口，可借助这些介质进行数据的备份和传输。

(一) CNC 数据类型

CNC 数据类型如表 3-10 所示。

表 3-10　CNC 数据类型

数据类型	保存在	来源	备注	
CNC	参数	SRAM	机床厂家提供	必须保存
PMC	参数	SRAM	机床厂家提供	必须保存
梯形图程序	FROM	机床厂家提供	必须保存	
螺距误差补偿	SRAM	机床厂家提供	必须保存	
加工程序	SRAM	最终用户提供	根据需要保存	
宏程序	SRAM	机床厂家提供	必须保存	
宏编译程序	FROM	机床厂家提供	如果有，保存	
C	执行程序	FROM	机床厂家提供	如果有，保存
系统文件	FROM	FANUC	提供	不需要保存

(二) 手动备份

建议使用存储卡进行数据备份。存储卡可以从公司购买，也可采购市场上的存储卡，一般使用 CF 卡和 PCMCIA 适配器。如果在市面(电脑市场)购买，需要挑选质量好的卡和适配器，有些质量较差的卡无法保证稳定使用。

1. 参数设定

参数设定如表 3-11 所示。

表 3-11　参数设定

参数号	设定值	说　明
20	4	使用存储卡作为输入/输出设备

2. SRAM 数据备份

数据备份的步骤如下：

(1) 正确插上存储卡。开机前按住显示器下面最右边的两个键(或者 MDI 的数字键 6 和 7)，如图 3-45 所示。此为 12 个软件键的例子，对于 7 个软件键，也是按住最右边两个键，直

图 3-45　备份操作示意图

到 BOOT 画面显示出来。

(2) 按下软键"UP"或"DOWN"，把光标移动到"7. SRAM DATA UNILITY"，如图
3-46 所示。

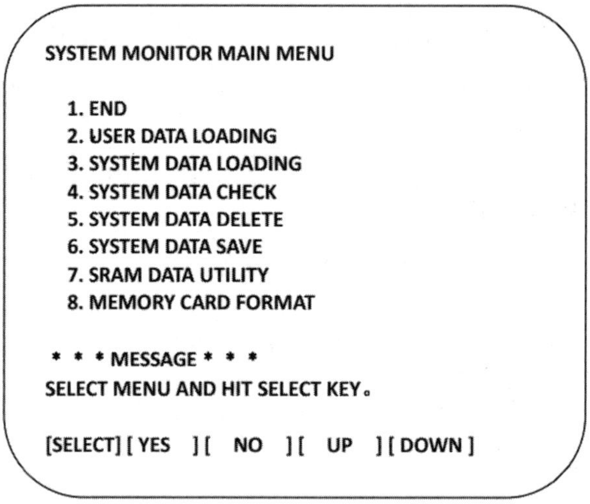

```
SYSTEM MONITOR MAIN MENU

1. END
2. USER DATA LOADING
3. SYSTEM DATA LOADING
4. SYSTEM DATA CHECK
5. SYSTEM DATA DELETE
6. SYSTEM DATA SAVE
7. SRAM DATA UTILITY
8. MEMORY CARD FORMAT

* * * MESSAGE * * *
SELECT MENU AND HIT SELECT KEY。

[SELECT] [ YES  ] [  NO  ] [  UP  ] [ DOWN ]
```

图 3-46　备份开启画面(1)

(3) 按下"SELECT"键。显示 SRAM DATA UTILITY 画面，如图 3-47 所示。

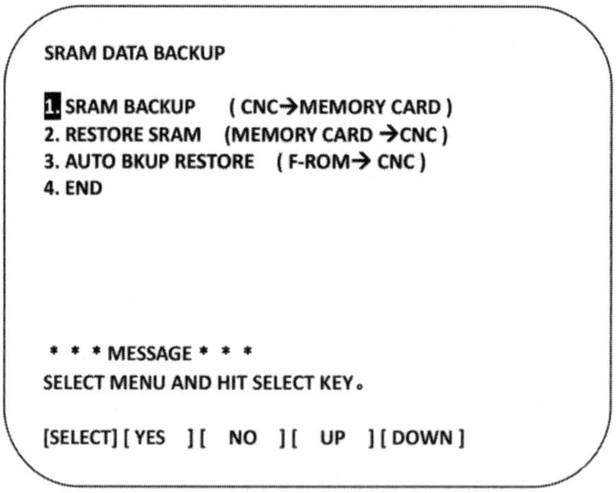

```
SRAM DATA BACKUP

1. SRAM BACKUP     ( CNC→MEMORY CARD )
2. RESTORE SRAM    (MEMORY CARD →CNC )
3. AUTO BKUP RESTORE   ( F-ROM→ CNC )
4. END

* * * MESSAGE * * *
SELECT MENU AND HIT SELECT KEY。

[SELECT] [ YES  ] [  NO  ] [  UP  ] [ DOWN ]
```

图 3-47　备份开启画面(2)

(4) 按下软键"UP"或"DOWN"，进行功能的选择。

使用存储卡备份数据：SRAM BACKUP；

恢复 SRAM 数据：RESTORE SRAM；

自动备份数据的恢复：AUTO BKUP RESTORE。

(5) 按下软键"SELECT"。

(6) 按下软键"YES"，执行数据的备份和恢复。

注：执行"SRAM BUCKUP"时，如果在存储卡上已经有了同名的文件，会询问"OVER
WRITE OK？"，若可以覆盖，则按下"YES"键继续操作。

(7) 执行结束后，显示"…COMPLETE.HIT SELECT KEY"信息。按下"SELECT"

软键，返回主菜单。

3. 自动备份

将 CNC 的 FROM/SRAM 中所保存的数据自动备份到 FROM 中，并根据需要加以恢复。由于电池耗尽等不测事态而导致 CNC 数据丢失时，可以简单恢复数据。通过参数设定，最多可以保存 3 次量的备份数据，可将 CNC 数据迅速切换到机床调整后的状态和任意的备份状态。

1) 数据备份方法

(1) 接通电源时，每次都自动备份数据。

(2) 接通电源时，每经过指定天数自动备份一次数据。

(3) 在紧急停止时，通过开始操作自动备份数据。

2) 自动数据备份操作

备份参数设定如表 3-12 所示。

表 3-12　自动数据备份设定

步骤	参数	注　　释	设　置　值
1	10340#0	通电时的自动数据备份是否有效	1
2	10340#2	FROM 的 NC 程序和目录信息的备份是否有效	1
3	10342	备份数据的个数(0～3)	= 0 时不进行数据备份；系统每次断电重启后开始自动备份数据
4	10341	周期性地进行自动数据备份的间隔	0～365(天)　0 时该功能无效
5	10340#7	是否执行紧急停止时的备份	1　数据备份开始后变为 0

设定 1、2、3 为每次开关机自动备份，设定 1、2、3、4 为每日自动备份，设定 1、2、5 为急停备份，平时可根据需要设定不同参数进行备份。

3) 备份数据的恢复

进入 BOOT SYSTEM 画面，进行如图 3-48 所示的操作，即可恢复保存在 FROM 中的备份数据。

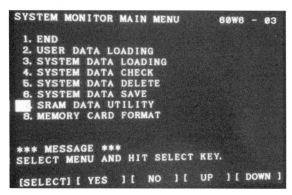

图 3-48　备份参数恢复界面

　　恢复备份数据的步骤如下：

　　(1) 在 BOOT 画面下，选择菜单"7.SRAM DATA UTILITY"时，会出现如图 3-49 所示菜单，选择"3"。

　　(2) 从如图 3-50 所示的菜单中选择需要恢复的数据，执行选择恢复命令。

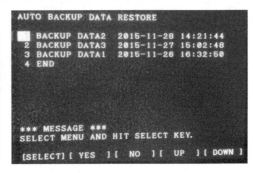

图 3-49　备份恢复画面　　　　　　图 3-50　备份界面

　　(3) 恢复结束，退出 BOOT SYSTEM 画面。

 试一试

　　在老师的指导下，对数据备份菜单进行备份和恢复。

【知识梳理】

CMOS RAM存储器电池的维护
- 数控CMOS电池和保险丝的更换
  - CMOS电池的更换
  - 系统保险丝的更换
- 参数备份概述
  - CNC数据类型
  - 手动备份
  - 自动备份

【学后评量】

　　1．简述电池更换的步骤和注意事项。

　　2．简述自动备份和手动备份的区别。

　　3．CNC 数据的类型有哪些？

　　4．请查询 FANUC 的说明书了解自动备份的其他方法。

第四单元

数控机床电气部分的维护

【本单元主要内容】

1. 了解机床三相电源的维护常识。
2. 了解机床电气连接线路的维护要点。
3. 了解机床低压电器的检查维护要点。
4. 了解机床低压电器的检查维护方法。

课题一　数控机床三相交流电源的维护

【学习目标】

1. 了解三相交流电源的产生和特点。
2. 掌握三相四线制电源的线电压和相电压的关系。
3. 掌握对称三相电路电压、电流和功率的计算方法，并理解中性线的作用。

【课题导入】

什么是三相交流电源呢？概括地说，三相交流电源是三个单相交流电源按一定方式进行的组合，这三个单相交流电源的频率相同、最大值相等、相位彼此相差120°。在我们的日常生活中有很多种生活用电源、工业用电源，那么它们的区别在哪里呢？

想一想

1. 你所知道的电源有哪些？
2. 三相交流电与单相交流电有什么样的关系？

试一试

到数控实训车间观察各种设备在什么情况下使用三相电，什么情况下使用单相电。

一、三相交流电的产生

三相交流电动势是由三相交流发电机产生的。如图 4-1 所示是一台最简单的三相交流发电机的示意图。和单相交流发电机一样，它由定子(磁极)和转子(电枢)组成。发电机的转子绕组有 U_1-U_2，V_1-V_2，W_1-W_2 三个，每个绕组叫做一相，各相绕组匝数相等、结构相同，它们的始端(U_1、V_1、W_1)在空间位置上彼此相差 120°，它们的末端(U_2、V_2、W_2)在空间位置上彼此也相差 120°。当转子以角速度 ω 逆时针方向旋转时，由于三个绕组的空间位置彼此相隔 120°，所以当第一相电动势达到最大值时，第二相需转过 1/3 周(即 120°)后，电动势才能达到最大值，也就是第一相电动势超前第二相电动势 120°相位；同样，第二相电动势超前第三相电动势 120°相位，第三相电动势又超前第一相电动势 120°相位。显然，三个相的电动势的频率相同、最大值相等，只是初相角不同。若第一相电动势的初相角为 0°，则第二相为 –120°，第三相为 120°(或 –240°)，那么，各相电动势的瞬时值表达式则为

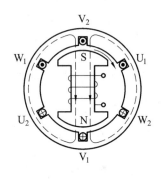

图 4-1 三相交流发电机原理示意图

$$e_1 = E_m \sin \omega t$$
$$e_2 = E_m \sin(\omega t - 120°)$$
$$e_3 = E_m \sin(\omega t + 120°)$$

这样的三个电动势叫做对称三相电动势。它们的相量图和波形图如图 4-2(a)、(b)所示。

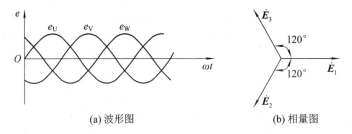

(a) 波形图   (b) 相量图

图 4-2 对称三相电动势的波形图和相量图

三个电动势到达最大值(或零)的先后次序叫做相序。上述三个电动势的相序是第一相(U 相)→第二相(V 相)→第三相(W 相)，这样的相序叫做正序。由相量图可知，如果把三个电动势的相量加起来，则相量和为零。由波形图可知，三相对称电动势在任一瞬间的代数和为零，即

$$e_1 + e_2 + e_3 = 0$$

二、三相电源的连接

三相发动机的每一个绕组都是独立的电源，均可单独给负载供电，但这样供电需用六

根导线。实际上，三相电源是按照一定的方式连接后，再向负载供电的，通常采用星形连接方式。

　　将发动机三相绕组的末端 U_2、V_2、W_2 连接在一点，始端 U_1、V_1、W_1 分别与负载相连，这种连接方法就叫做星形连接，如图 4-3(a)所示。图中三个末端相连接的点叫做中性点或零点，用字母"N"表示。从中性点引出的一根线叫做中性线或零线。从始端 U_1、V_1、W_1 引出的三根线叫做相线或端线，因为它与中性线之间有一定的电压，所以俗称火线。

　　由三根相线和一根中性线所组成的输电方式叫做三相四线制(通常在低压配电中采用)；只由三根相线所组成的输电方式叫做三相三线制(在高压输电工程中采用)。

　　每相绕组始端与末端之间的电压(即相线和中性线之间的电压)叫做相电压，它的瞬时值用 U_1、U_2、U_3 来表示，用通用符号 U_P 表示。因为三个电动势的最大值相等，频率相同，彼此相位差均为 120°，所以，三个相电压的最大值也相等，频率也相同，互相之间的相位差也均是 120°，即三个相电压是对称的。

　　任意两相始端之间的电压(即相线和相线之间的电压)叫做线电压，它的瞬时值用 U_{12}、U_{23}、U_{31} 来表示，用通用符号 U_L 表示。下面来分析线电压和相电压之间的关系。

　　首先规定电压的方向。电动势的方向规定为从绕组的末端指向始端，那么相电压的方向就是从绕组的始端指向末端。线电压的方向按三相电源的顺序来确定，如 U_{12} 就是从 U_1 端指向 V_1 端，U_{23} 就是从 V_1 端指向 W_1 端，U_{31} 就是从 W_1 端指向 U_1 端，如图 4-3(a)所示，因此

$$U_{12} = U_1 - U_2$$
$$U_{23} = U_2 - U_3$$
$$U_{31} = U_3 - U_1$$

　　由此可作出线电压和相电压的相量图，如图 4-3(b)所示。从图中可以看出各线电压在相位上比各对应的相电压超前 30°。又因为相电压是对称的，所以，线电压也是对称的，即各线电压之间的相位差也都是 120°。

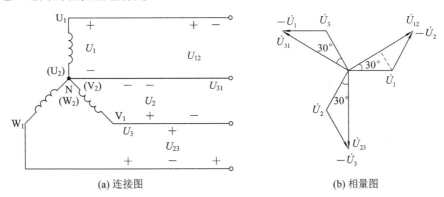

(a) 连接图　　　　　　　　　　　(b) 相量图

图 4-3　三相电源

　　从相量图中还可以看出，$\dot{U}_1$、$-\dot{U}_2$ 和 $\dot{U}_{12}$ 构成了一个等腰三角形，它的顶角是 120°，两底角是 30°。从这个等腰三角形的顶点作一垂线到底边，可把 $\dot{U}_{12}$ 分成相等的两段，得到两个相等的直角三角形，于是可得其有效值的表示式为

$$\cos 30° = \frac{U_{12}/2}{U_1} = \frac{U_{12}}{2U_1}$$

即

$$U_{12} = 2U_1 \cos 30° = \sqrt{3}U_1$$

同理可得：

$$U_{23} = \sqrt{3}U_2 , \quad U_{31} = \sqrt{3}U_3$$

由于三相对称，则一般表示式为

$$U_{\text{L}} = \sqrt{3}U_{\text{P}}$$

可见，当发电机绕组作星形连接时，三个相电压和三个线电压均为三相对称电压，各线电压的有效值为相电压有效值的 $\sqrt{3}$ 倍，而且各线电压在相位上比各对应的相电压超前 30°。

通常所说的 380 V、220 V 电压，就是指电源成星形连接时的线电压和相电压的有效值。

三、三相电源的维护

电源是指为电气设备级控制电路提供能量的功率源，是维持系统正常工作的能源，在控制电路中电源故障一般占到 20%左右。它失效或发生故障的直接结果是造成系统的停机或毁坏整个系统。另外，数控系统的部分运行数据、设定数据以及加工程序等一般都存储在 RAM 内，系统断电后，靠电源的后备蓄电池或锂电池来保持。因而，停机时间比较长时，拔插电源或存储器都可能造成数据丢失，使系统不能运行。同时，由于数控设备使用的是三相交流 380 V 电源，所以安全性也是数控设备安装前期工作中重要的一环。基于以上原因，对数控设备使用的电源有以下要求：

(1) 电网电压波动应该控制在 +10%～–15%之间。我国电源波动较大，质量差，还隐藏有高频脉冲这一类的干扰，加上人为的因素(如突然拉闸断电等)，用电高峰期间(例如白天上班或下班前的一个小时左右以及晚上)往往超差较多，甚至达到 ±20%，使机床报警而无法进行正常工作，并对机床电源系统造成损坏，甚至导致有关参数数据的丢失等。这种现象，在 CNC 加工中心或车削中心等机床设备上都曾发生过，而且出现频率较高，应引起重视。

建议在 CNC 机床较集中的车间配置具有自动补偿调节功能的交流稳压供电系统；单台 CNC 机床可通过单独配置交流稳压器来解决。

(2) 建议把机械电气设备连接到单一电源上。如果需要用其他电源供电给电气设备的某些部分(如电子电路、电磁离合器)，则电源宜尽可能取自组成为机械电气设备的一部分的器件(如变压器、换能器等)。对于大型复杂机械，包括许多以协同方式一起工作的且占用较大空间的机械，可能需要一个以上的引入电源，这要由场地电源的配置来定。除非机械电气设备采用插头/插座直接连接电源，否则建议电源线直接连到电源切断开关的电源端子上。如果做不到，则应为电源线设置独立的接线座。电源切断开关的手柄应容易接近，应安装在易于操作的位置上方 0.6～1.9 m 处。上限值建议为 1.7 m，这样在发生紧急情况时，可以迅速断电，减少损失和人员伤亡。

（3）数控设备对压缩空气供给系统有一定的的要求。数控机床一般都使用了不少气动元件，所以厂房内应接入清洁的、干燥的压缩空气供给系统网络。其流量和压力都应符合要求。压缩空气机要安装在远离数控机床的地方。根据厂房内的布置情况、用气量大小，应考虑给压缩空气供给系统网络安装冷冻空气与煤机空气过滤器、储气罐、安全阀等设备。

（4）数控设备对工作环境有一定的要求。精密数控设备一般有恒温环境的要求，只有在恒温条件下，才能确保机床精度和加工度。一般普通型数控机床对室温没有具体要求，但大量实践表明，当室温过高时数控系统的故障率大大增加。潮湿的环境也会降低数控机床的可靠性，尤其在酸气较大的潮湿环境下，会使印制线路板和接插件锈蚀，机床电气故障也会增加。因此中国南方的一些用户，在夏季和雨季时应对数控机床环境采取去湿的措施，具体要求如下：

① 工作环境温度应在 0～35℃之间，避免阳光直接照射数控机床，室内应配有良好的灯光照明设备。

② 为了提高加工零件的精度，减小机床的热变形，如有条件，可将数控机床安装在相对密闭的、加装空调设备的厂房内。

③ 工作环境相对湿度应小于 75%。数控机床应安装在远离液体飞溅的场所，并防止厂房滴漏。

④ 远离有过多粉尘和有腐蚀性气体的环境。

【知识梳理】

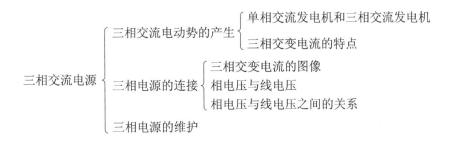

【学后评量】

1. 什么是三相电源？
2. 什么叫做三相四线制？

课题二　数控机床低压电器的检查维护

【学习目标】

1. 了解常用低压电器的结构及工作原理。

2. 学会正确选择和合理使用常用电器元件。

3. 学会低压电器的选择、使用、检测及维修方法。

【课题导入】

采用电力拖动的生产机械，其电动机的运转都是由各种接触器、继电器、按钮、行程开关等电器构成的控制线路来进行控制的。为了更好地学习其维护技能，让我们一起来看看它们的工作原理及选用原则吧。

想一想

1. 数控机床的低压电器元器件有哪些？

2. 你能说出几种低压电器引起的故障吗？

【知识链接】

数控机床的操作者若想具备数控机床简单的维修技能，必须看得懂电气图纸，而基本的电气图就是由常用低压电器元件组成的，因此要熟悉各种低压电器元器件的分类和用途，掌握低压断路器、熔断器、继电器、接触器及主令电器等。

一、电器概述

低压电器是指使用在交流额定电压 1200 V、直流额定电压 1500 V 及以下的电路中，根据外界施加的信号和要求，通过手动或自动的方式，断续或连续地改变电路参数，以实现对电路或非电对象的切换、控制、检测、保护、变换和调节的电器。

低压电器广泛应用在工业、农业、交通、国防以及人们的日常生活中。低压供电的输送、分配和保护是依靠刀开关、自动开关以及熔断器等低压电器来实现的。而低压电力的使用则是将电能转换为其他能量，其过程中的控制、调节和保护都是依靠各类接触器和继电器等低压电器来完成的。无论是低压供电系统还是控制生产过程的电力拖动控制系统，均是由用途不同的各类低压电器所组成的。

(一) 低压电器的分类

低压电器的种类繁多，按其结构、用途及所控制的对象不同，可以有不同的分类方式，常用的有以下三种。

1. 按用途和控制对象分类

按用途和控制对象不同，可将低压电器分为配电电器和控制电器。

1) 用于低压电力网的配电电器

这类电器包括刀开关、转换开关、空气断路器和熔断器等。对配电电器的主要技术要求是断流能力强，限流效果在系统发生故障时保护动作准确，工作可靠，有足够的热稳定性和动稳定性。

2) 用于电力拖动及自动控制系统的控制电器

这类电器包括接触器、启动器和各种控制继电器等。对控制电器的主要技术要求是操作频率高、寿命长，有相应的转换能力。

2. 按操作方式分类

按操作方式不同，可将低压电器分为自动电器和手动电器。

1) 自动电器

通过电磁(或压缩空气)操作来完成接通、分断、启动、反向和停止等动作的电器称为自动电器。常用的自动电器有接触器、继电器等。

2) 手动电器

通过人力做功直接操作来完成接通、分断、启动、反向和停止等动作的电器称为手动电器。常用的手动电器有刀开关、转换开关和主令电器等。

3. 按工作原理分类

按工作原理不同，可将低压电器分为非电量控制电器和电磁式电器。

1) 非电量控制电器

靠外力或某种非电物理量的变化而动作的电器称为非电量控制电器，如行程开关、按钮、速度继电器、压力继电器和温度继电器等。

2) 电磁式电器

根据电磁感应原理来工作的电器称为电磁式电器，如接触器、各类电磁式继电器等。电磁式电器在低压电器中占有十分重要的地位，在电气控制系统中应用最为普遍。

另外，低压电器按工作条件还可划分为一般工业电器、船用电器、化工电器、矿用电器、牵引电器及航空电器等几类，对于不同类型的低压电器，其防护形式、耐潮湿性、耐腐蚀性、抗冲击性等性能的要求也不同。

(二) 电磁式低压电器的基本知识

在结构上，电器一般都具有两个基本组成结构，即检测部分和执行部分。检测部分接受外界输入的信号，通过转换、放大与判断做出一定的反应，使执行部分动作，输出相应的指令，实现控制的目的。对于有触点的电磁式电器，检测部分是电磁机构，执行部分是触头系统。

1. 电磁机构

电磁机构由吸引线圈、铁芯和衔铁组成，其结构形式按衔铁的运动方式可分为直动式和拍合式。如图 4-4 所示是直动式和拍合式电磁机构的常用结构形式，图(a)和(b)分别为直动式和拍合式电磁机构，图(c)为直动式电磁机构。

吸引线圈的作用是将电能转换为磁能，即产生磁通，衔铁在电磁吸力作用下产生机械位移使铁芯吸合。根据线圈在电路中的连接方式可分为串联线圈(即电流线圈)和并联线圈(即电压线圈)。串联(电流)线圈串接在线路中时，流过的电流较大，为减少对电路的影响，线圈的导线要粗，匝数要少，阻抗要小。并联(电压)线圈并联在线路上时，为减少分流作用，降低对原电路的影响，需要较大的阻抗，因此线圈的导线要细且匝数要多。

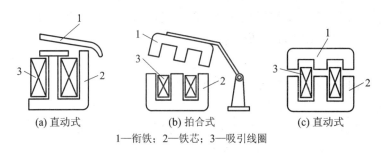

(a) 直动式　　　　　　(b) 拍合式　　　　　　(c) 直动式

1—衔铁；2—铁芯；3—吸引线圈

图 4-4　常见的电磁机构

按吸引线圈所通电流性质的不同，电磁铁可分为直流电磁铁和交流电磁铁。

直流电磁铁由于通入的是直流电，其铁芯不发热，只有线圈发热，因此，将线圈与铁芯接触以利散热，将线圈做成无骨架、高而薄的瘦高型，以改善线圈自身散热。铁芯和衔铁由软钢和工程纯铁制成。

交流电磁铁由于通入的是交流电，铁芯中存在磁滞损耗和涡流损耗，这样线圈和铁芯都发热，所以交流电磁铁的吸引线圈设有骨架，使铁芯与线圈隔离并将线圈制成短而厚的矮胖型，这样做有利于铁芯和线圈的散热。铁芯用硅钢片叠加而成，以减小涡流损耗。电磁铁工作时，线圈产生的磁通作用于衔铁，产生电磁吸力，并使衔铁产生机械位移，衔铁在复位弹簧的作用下复位。因此，作用在衔铁上的力有两个：电磁吸力与反力。电磁吸力由电磁机构产生，反力则由复位弹簧和触头弹簧所产生。铁芯吸合时要求电磁吸力大于反力，即衔铁位移的方向与电磁吸力方向相同；衔铁复位时要求反力大于电磁吸力。

2. 触头系统

触头是电磁式电器的执行部分，电器就是通过触头的动作来分合被控制的电路的。触头在闭合状态下动、静触点完全接触，并有工作电流通过时，称为电接触。电接触的情况将影响触头的工作可靠性和使用寿命。影响电接触工作情况的主要因素是触头的接触电阻，接触电阻较大时，易使触头发热而温度升高，从而使触头产生熔焊现象，这样既影响工作可靠性又降低了触头的寿命。触头的接触电阻不仅与触头的接触形式有关，而且还与接触压力、触头材料及表面状况有关。

触头主要有两种结构形式：桥式触头和指形触头，如图 4-5 所示。

(a) 点接触桥式触头　　　(b) 面接触桥式触头　　　(c) 指形触头

图 4-5　触头的结构形式

触头的接触形式有点接触、线接触和面接触三种，如图 4-6 所示。

(a) 点接触　　　　(b) 线接触　　　　(c) 面接触

图 4-6　触头的接触形式

当动、静触头闭合后，不可能是全部紧密地接触，从微观来看，只是在一些突出的凸起点存在着有效接触，从而造成了从一个导体到另外一个导体的过渡区域。在过渡区域里，电流只通过一些相接触的凸起点，因而使这个区域的电流密度大大增加。另外，由于只是一些凸起点相接触，使有效导电面积减少，因此该区域的电阻远远大于金属导体的电阻。这种由于动、静触头闭合时在过渡区域所形成的电阻，称为接触电阻。接触电阻的存在，不仅会造成一定的电压损失，还会使铜耗增加，造成触点温升超过允许值。这样，触头在较高的温度下很容易产生熔焊现象而使触点工作不可靠，因此，在实际中，应采取相应的措施来减少接触电阻，限制触头的温升。

3. 电弧与灭弧的方法

在通电状态下动、静触头脱离接触时，由于电场的存在，触头表面的自由电子大量溢出而产生电弧。电弧的存在既会烧损触点金属表面，降低电器的寿命，又延长了电路的分断时间，所以需采取一定的措施使电弧迅速熄灭。

常用的灭弧方法有增大电弧长度、冷却弧柱、把电弧分成若干短弧等。灭弧装置就是根据这些原理设计的。

1) 电动力吹弧

电动力吹弧如图 4-7 所示。桥式触头在分断时本身就具有电动力吹弧功能，不用任何附加装置，便可使电弧迅速熄灭。这种灭弧方法多用于小容量交流接触器中。

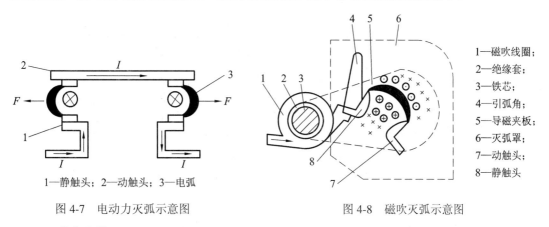

1—静触头；2—动触头；3—电弧　　　　　　1—磁吹线圈；2—绝缘套；3—铁芯；
4—引弧角；5—导磁夹板；6—灭弧罩；
7—动触头；8—静触头

图 4-7　电动力灭弧示意图　　　　　　图 4-8　磁吹灭弧示意图

2) 磁吹灭弧

在触头电路中串入吹弧线圈，如图 4-8 所示。该线圈产生的磁场由导磁夹板引向触头周围，其方向由右手定则确定(为图中×所示)。触头间的电弧所产生的磁场的方向如⊙所示。这两个磁场在电弧下方方向相同(叠加)，在弧柱上方方向相反(相减)，所以弧柱下方的磁场强于上方的磁场。在下方磁场作用下，电弧受力的方向为 F 所指的方向，在 F 的作用下，电弧被吹离触头，经引弧角引进灭弧罩，使电弧熄灭。

　　3) 栅片灭弧

　　灭弧栅是一组薄铜片，它们彼此间相互绝缘，如图 4-9 所示。当电弧进入栅片后，会被分割成一段段串联的短弧，而栅片就是这些短弧的电极。每两片灭弧片之间都有 150～250 V 的绝缘强度，使整个灭弧栅的绝缘强度大大加强，以致外加电压无法维持，电弧迅速熄灭。此外，栅片还能吸收电弧热量，使电弧迅速冷却。基于上述原因，电弧进入栅片后就会很快熄灭。由于栅片灭弧装置的灭弧效果在交流时要比直流时强得多，因此在交流电器中常采用栅片灭弧。

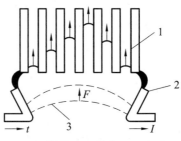

1—灭弧栅片；2—触头；3—电弧

图 4-9　栅片灭弧示意图

二、低压断路器

　　低压断路器如图 4-10 所示，又称漏电开关、空气开关，它不但能用于正常工作时不频繁接通和断开的电路，而且当电路发生过载、短路或失压等故障时，也能自动切断电路，有效地保护串接在它后面的电气设备。电器符号通常为 QF。

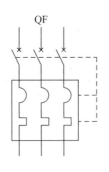

(a) 漏电开关(1)　　　　　(b) 漏电开关线路图　　　　　(c) 漏电开关(2)

图 4-10　低压断路器及其符号

(一) 低压断路器的结构和工作原理

　　低压断路器主要由触头系统、操作机构和保护元件三部分组成。主触头由耐弧合金制成，采用灭弧栅片灭弧；操作机构较复杂，其通断可用操作手柄操作，也可用电磁机构操作，发生故障时自动脱扣；触头通断瞬时动作与手柄操作速度无关。其工作原理如图 4-11 所示。

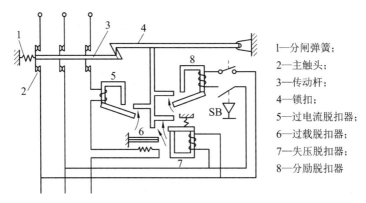

1—分闸弹簧；
2—主触头；
3—传动杆；
4—锁扣；
5—过电流脱扣器；
6—过载脱扣器；
7—失压脱扣器；
8—分励脱扣器

图 4-11　低压断路器原理图

断路器的主触头 2 是靠操作机构手动或电动合闸的，并由自动脱扣机构将主触头锁在合闸位置上。如果电路发生故障，自动脱扣机构在有关脱扣器的推动下动作，使钩子脱开，于是主触头在弹簧的作用下迅速分断。过电流脱扣器 5 的线圈和过载脱扣器 6 的线圈与主电路串联，失压脱扣器 7 的线圈与主电路并联，当电路发生短路或严重过载时，过电流脱扣器的衔铁被吸合，使自动脱扣机构动作；当电路过载时，过载脱扣器的热元件产生的热量增加，使双金属片向上弯曲，推动自动脱扣机构动作；当电路失压时，失压脱扣器的衔铁释放，也使自动脱扣机构动作。分励脱扣器 8 则作为远距离分断电路使用，根据操作人员的命令或其他信号使线圈通电，从而使断路器跳闸。断路器根据不同用途可配备不同的脱扣器。

(二) 低压断路器的主要技术参数

1．额定电压

断路器的额定工作电压在数值上取决于电网的额定电压等级，我国电网标准规定为 AC 220、380、660 及 1140 V，DC 220、440 V 等。应该指出，同一断路器可以在几种额定工作电压下使用，但相应的通断能力并不相同。

2．额定电流

断路器的额定电流就是过电流脱扣器的额定电流，一般是指断路器的额定持续电流。

3．通断能力

开关电器在规定的条件下(电压、频率及交流电路的功率因数和直流电路的时间常数)，能接通和分断的最大电流值，也称为额定短路通断能力。

4．分断时间

指切断故障电流所需的时间，它包括固有的断开时间和燃弧时间。

(三) 低压断路器的选用

低压断路器的选用应符合以下条件：

(1) 断路器的额定工作电压应大于或等于线路或设备的额定工作电压。对于配电电路来说应注意区别是电源端保护还是负载端保护,电源端电压比负载端电压高出约 5% 左右。

(2) 断路器的主电路额定工作电流应大于或等于负载工作电流。

(3) 断路器的过载脱扣整定电流应等于负载工作电流。

(4) 断路器的额定通断能力应大于或等于电路的最大短路电流。

(5) 断路器的欠电压脱扣器额定电压应等于主电路额定电压。

(6) 断路器的类型,应根据电路的额定电流及保护的要求来选用。

三、主令电器

控制系统中,主令电器是一种专门发布命令、直接或通过电磁式电器间接作用控制电路的电器。常用来控制电力拖动系统中电动机的启动、停车、调速及制动等。

常用的主令电器有控制按钮、行程开关、接近开关、万能转换开关、主令控制器及其他主令电器 (如脚踏开关、倒顺开关、紧急开关、钮子开关等)。本节仅介绍几种常用的主令电器。

(一) 控制按钮

控制按钮是一种结构简单、使用广泛的手动主令电器,它可以与接触器或继电器配合,对电动机实现远距离的自动控制。

如图 4-12 所示,控制按钮由按钮帽、复位弹簧、桥式触头和外壳等组成,通常做成复合式,即具有常闭触头和常开触头。按下按钮时,应先断开常闭触头,后接通常开触头;按钮释放后,在复位弹簧的作用下,按钮触点自动复位的先后顺序与之前相反。通常,在无特殊说明的情况下,有触点电器的触头动作顺序均为"先断后合"。

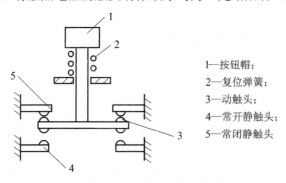

1—按钮帽;
2—复位弹簧;
3—动触头;
4—常开静触头;
5—常闭静触头

图 4-12　按钮的结构示意图

在电器控制线路中,常开按钮常用来启动电动机,也称启动按钮,常闭按钮常用于控制电动机停车,也称停车按钮,复合按钮用于联锁控制电路。

控制铵钮的种类很多,在结构上有揿钮式、紧急式、钥匙式、旋钮式、带灯式和打碎玻璃式按钮。

常用的控制按钮有 LA2、LA18、LA20、LAY1 和 SFAN-1 型系列按钮,其中 SFAN-1 型为打碎玻璃式按钮,LA2 系列为仍在使用的老产品,新产品有 LA18、LA19、LA20 等系列，其中 LA18 系列采用积木式结构，触头数目可按需要拼装至六常开六常闭，一般装成二常开二常闭，LA19、LA20 系列有带指示灯和不带指示灯两种，前者按钮帽用透明塑料制成，兼作指示灯罩。控制按钮选择的主要依据是使用场所、所需要的触头数量、种类及颜色。按钮开关的图形符号及文字符号见图 4-13。

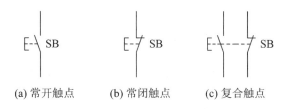

(a) 常开触点　　　(b) 常闭触点　　　(c) 复合触点

图 4-13　按钮的图形和文字符号

(二) 行程开关

行程开关又称位置开关或限位开关，它的作用与按钮相同，只是其触头的动作不是靠手动操作，而是利用生产机械某些运动部件上的挡铁碰撞其滚轮来实现的。

行程开关的结构分为三个部分：操作机构、触头系统和外壳。行程开关分为单滚轮、双滚轮及径向传动杆等形式，其中，单滚轮和径向传动杆行程开关可自动复位，双滚轮为碰撞复位。

常见的行程开关有 LX19 系列、LX22 系列、JLXK1 系列和 JLXW5 系列。其额定电压为交流 500 V、380 V，直流 440 V、220 V，额定电流为 20 A、5 A 和 3 A。

在选用行程开关时，主要根据机械位置对开关形式的要求，控制线路对触头数量和触头性质的要求，闭合类型(限位保护或行程控制)和可靠性以及电压、电流等级来确定。

(三) 万能转换开关

万能转换开关是一种多挡式、控制多回路的主令电器，一般可作为多种配电装置的远距离控制，也可作为电压表、电流表的换相开关，还可作为小容量电动机的启动、制动、调速及正反向转换的控制。由于其触头挡数多、换接线路多、用途广泛，故有"万能"之称。

万能转换开关主要由操作机构、面板、手柄及数个触头座等组成，用螺栓组装成为整体。触头座可有 1～10 层，每层均可装三对触点，并由其中的凸轮进行控制。由于每层凸轮可做成不同的形状，因此当手柄转到不同位置时，通过凸轮的作用，可使各对触头按需要的规律接通和分断。

常见的万能转换开关的型号为 LW5 系列和 LW6 系列。选用万能开关时，可从以下几方面入手：若用于控制电动机，则应预先知道电动机的内部接线方式，根据内部接线方式、接线指示牌以及所需要的转换开关断合次序表，画出电动机的接线图，只要电动机的接线图与转换开关的实际接法相符即可。其次，需要考虑额定电流是否满足要求，若用于控制其他电路时，则只需考虑额定电流、额定电压和触头对数。

万能转换开关的原理图和电气符号如图 4-14 所示。

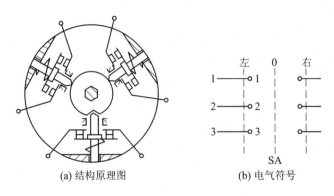

(a) 结构原理图   (b) 电气符号

图 4-14 万能转换开关的原理图和电气符号

四、接触器

接触器是一种用来自动接通或断开大电流电路的电器。它可以频繁地接通或分断交直流电路,并可实现远距离控制。其主要控制对象是电动机,也可用于电热设备、电焊机、电容器组等其他负载。它还具有低电压释放保护功能。接触器具有控制容量大、过载能力强、寿命长、设备简单经济等特点,是电力拖动中使用最广泛的电器元件。其外形如图 4-15 所示。

图 4-15 交流接触器外形

按照所控制电路的种类不同,接触器可分为交流接触器和直流接触器两大类。

(一) 交流接触器的结构与工作原理

图 4-16 所示为交流接触器的结构示意图。交流接触器由以下四部分组成:

(1) 电磁机构。电磁机构由线圈、动铁芯(衔铁)和静铁芯组成,其作用是将电磁能转换成机械能,产生电磁吸力带动触头动作。

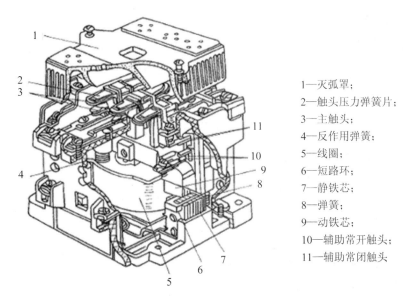

1—灭弧罩；
2—触头压力弹簧片；
3—主触头；
4—反作用弹簧；
5—线圈；
6—短路环；
7—静铁芯；
8—弹簧；
9—动铁芯；
10—辅助常开触头；
11—辅助常闭触头

图 4-16　CJ10-20 型交流接触器结构示意图

(2) 触头系统。触头系统包括主触头和辅助触头。主触头用于通断主电路，通常为三对常开触头。辅助触头用于控制电路，起电气联锁作用，故又称联锁触头，一般有常开、常闭触头各两对。

(3) 灭弧装置。容量在 10 A 以上的接触器都有灭弧装置，对于小容量的接触器，常采用双断口触头灭弧、电动力灭弧、相间弧板隔弧及陶土灭弧罩灭弧。对于大容量的接触器，采用纵缝灭弧罩及栅片灭弧。

(4) 其他部件。其他部件包括反作用弹簧、缓冲弹簧、触头压力弹簧、传动机构及外壳等。

电磁式接触器的工作原理：线圈通电后，在铁芯中产生磁通及电磁吸力，此电磁吸力克服弹簧反力使得衔铁吸合，带动触头机构动作，常闭触头打开，常开触头闭合。线圈失电或线圈两端电压显著降低时，电磁吸力小于弹簧反力，使得衔铁释放，触头机构复位。

（二）接触器的图形符号及文字符号

接触器的图形符号及文字符号如图 4-17 所示。

(a) 线圈　　　(b) 主触头　　　(c) 辅助常开触头　　　(d) 辅助常闭触头

图 4-17　接触器的图形符号及文字符号

（三）接触器的选用

1. 接触器的类型选择

接触器的类型应根据负载电流的类型和负载的轻重来选择，即要看是交流负载还是直流负载，是轻负载、一般负载还是重负载。

2. 主触头额定电流的选择

接触器的额定电流应大于或等于被控回路的额定电流。对于电动机负载可根据下列公式计算：

$$I_{NC} \geq \frac{P_{NM}}{(1 \sim 1.4)U_{NM}}$$

式中：I_{NC}——接触器主触头电流(A)；

P_{NM}——电动机的额定功率(W)；

U_{NM}——电动机的额定电压(V)。

若接触器控制的电动机启动、制动或正反转频繁，一般将接触器主触头的额定电流降一级使用。

3. 额定电压的选择

接触器主触头的额定电压应大于或等于负载回路的电压。

4. 吸引线圈额定电压的选择

线圈额定电压不一定等于主触头的额定电压，当线路简单，使用电器少时，可直接选用 380 V 或 220 V 的电压，若线路复杂，使用电器超过 5 个，可用 24 V、48 V 或 110 V 电压(1964 年国标规定为 36 V、110 V 或 127 V)。吸引线圈允许在额定电压的 80%～105% 范围内使用。

5. 接触器的触头数量、种类的选择

接触器的触头数量和种类应满足主电路和控制线路的要求。不同类型的接触器触头数目不同。交流接触器的主触头有三对(常开触头)，辅助触头一般有四对(两对常开、两对常闭)，最多可达到六对(三对常开、三对常闭)。直流接触器主触头一般有两对(常开触点)，辅助触头有四对(两对常开、两对常闭)。

五、继电器

继电器是根据一定的信号(如电流、电压、时间和速度等物理量)的变化来接通或分断小电流电路和电器的自动控制电器。

继电器实质上是一种传递信号的电器，它根据特定形式的输入信号而动作，从而达到控制的目的。它一般不用来直接控制主电路，而是通过接触器或其他电器来对主电路进行控制，因此同接触器相比较，继电器的触头通常接在控制电路中。下面主要介绍三种类型的继电器。

(一) 电磁式继电器

电磁式继电器的结构和工作原理与电磁式接触器相似，也是由电磁机构、触头系统和释放弹簧等部分组成。电磁式继电器的结构如图 4-18 所示。

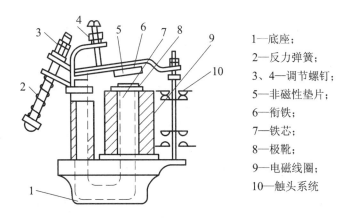

1—底座；

2—反力弹簧；

3、4—调节螺钉；

5—非磁性垫片；

6—衔铁；

7—铁芯；

8—极靴；

9—电磁线圈；

10—触头系统

图 4-18　电磁式继电器的典型结构

(1) 电磁机构。直流继电器的电磁机构形式为 U 形拍合式。铁芯和衔铁均由电工软铁制成。为了增加闭合后的气隙，在衔铁的内侧面上装有非磁性垫片，铁芯铸在铝基座上。交流继电器的电磁机构形式有 U 形拍合式、E 形直动式、空心或装甲螺管式等。U 形拍合式和 E 形直动式的铁芯及衔铁均由硅钢片叠成，且在铁芯柱端上面装有分磁环。

(2) 触头系统。交、直流继电器的触头均接在控制电路上，且电流小，故不装设灭弧装置。其触头一般都为桥式触头，有常开和常闭两种形式。

另外，为了实现继电器动作参数的改变，继电器一般还具有改变释放弹簧松紧及改变衔铁打开气隙大小的调节装置，例如调节螺母。

电磁继电器可分为以下几种类型。

1) 电磁式电流继电器

触头的动作与通过线圈的电流大小有关的继电器叫做电流继电器，主要用于电动机、发电机或其他负载的过载及短路保护，直流电动机磁场控制或失磁保护等。电流继电器的线圈串在被测量电路中，其线圈匝数少、导线粗、阻抗小。电流继电器除用于电流型保护的场合外，还经常用于按电流原则控制的场合。电流继电器有过电流继电器和欠电流继电器两种。

过电流继电器在电路正常工作时，衔铁是释放的；一旦电路发生过载或短路故障时，衔铁才吸合，带动相应的触头动作，即常开触头闭合，常闭触头断开。

欠电流继电器在电路正常工作时，衔铁是吸合的，其常开触头闭合，常闭触头断开；一旦线圈中的电流降至额定电流的 10%～20%以下时，衔铁释放，发出信号，从而改变电路的状态。

2) 电磁式电压继电器

触头的动作与加在线圈上的电压大小有关的继电器称为电压继电器，它用于电力拖动系统的电压的保护和控制。电压继电器反映的是电压信号，它的线圈并联在被测电路的两端，所以匝数多、导线细、阻抗大。电压继电器按动作电压值的不同，分为过电压继电器和欠电压继电器两种。

过电压继电器在电路电压正常时，衔铁释放，一旦电路电压升高至额定电压的 110%～

115%以上时，衔铁吸合，带动相应的触头动作。

欠电压继电器在电路电压正常时，衔铁吸合，一旦电路电压降至额定电压的 5%～25% 以下时，衔铁释放，输出信号。

3) 电磁式中间继电器

中间继电器实质上也是一种电压继电器。只是它的触点头对数较多，容量较大，动作灵敏。中断继电器主要起扩展控制范围或传递信号的中间转换作用。

中间继电器的图形符号和文字符号如图 4-19 所示。

(a) 中间继电器线圈　　　(b) 动合触点　　　(c) 动断触点

图 4-19　中间继电器的图形符号和文字符号

(二) 时间继电器

时间继电器是一种实现触头延时接通或断开的自动控制电器，其图形符号及文字符号如图 4-20 所示。

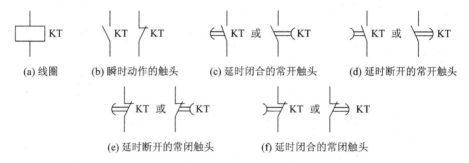

(a) 线圈　　　(b) 瞬时动作的触头　　　(c) 延时闭合的常开触头　　　(d) 延时断开的常开触头

(e) 延时断开的常闭触头　　　(f) 延时闭合的常闭触头

图 4-20　时间继电器的图形符号及文字符号

(三) 热继电器

热继电器是电流通过发热元件产生热量，使检测元件受热弯曲而推动机构动作的一种继电器。由于热继电器中发热元件的发热惯性，导致其在电路中不能做瞬时过载保护和短路保护。它主要用于电动机的过载保护、断相保护和三相电流不平衡运行的保护。

热继电器的形式有多种，其中以双金属片式最多。双金属片式热继电器主要由热元件、双金属片和触头三部分组成，如图 4-21 所示。双金属片是热继电器的感测元件，由两种膨胀系数不同的金属片碾压而成。当串联在电动机定子绕组中的热元件有电流流过时，热元件产生的热量使双金属片伸长，由于膨胀系数不同，致使双金属片发生弯曲。电动机正常运行时，双金属片的弯曲程度不足以使热继电器动作。当电动机过载时，流过热元件的电流增大，加上时间效应，会使双金属片的弯曲程度加大，最终双金属片推动导板使热继电器的触头动作，切断电动机的控制电路。

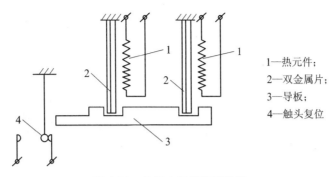

图 4-21　热继电器原理示意图

1—热元件；
2—双金属片；
3—导板；
4—触头复位

热继电器由于热惯性，当电路短路时不能立即动作使电路断开，因此不能用作短路保护。同理，在电动机启动或短时间内过载时，热继电器也不会马上动作，从而避免电动机不必要的停车。

六、熔断器

熔断器是一种广泛应用的简单有效的保护电器，在电路中用于过载与短路保护。具有结构简单、体积小、重量轻、使用维护方便、价格低廉等优点。熔断器的主体是低熔点金属丝或金属薄片制成的熔体，串联在被保护的电路中。在正常情况下，熔体相当于一根导线，当发生短路或过载时，电流很大，熔体因过热熔化而切断电路。

(一) 熔断器的结构和工作原理

熔断器主要由熔体(俗称保险丝)和安装熔体的熔管(或熔座)组成。熔体是熔断器的主要部分，一般由熔点较低、电阻率较高的金属材料铝锑合金丝、铅锡合金丝和铜丝制成。熔管是装熔体的外壳，由陶瓷、绝缘钢纸或玻璃纤维制成，在熔体熔断时兼有灭弧作用。

熔断器的熔体与被保护的电路串联，当电路正常工作时，熔体允许通过一定大小的电流而不熔断。当电路发生短路或严重过载时，熔体中流过很大的故障电流，当电流产生的热量达到熔体的熔点时，熔体熔断切断电路，达到保护电路的目的。

电流流过熔体时产生的热量与电流的平方和电流通过的时间成正比，因此，电流越大，熔体熔断的时间就越短。这一特性称为熔断器的保护特性(或安秒特性)，如图 4-22 所示。

熔断器的安秒特性为反时限特性，即短路电流越大，熔断时间越短，这样就能满足短路保护的要求。由于熔断器对过载反应不灵敏，因此不宜用于过载保护，主要用于短路保护。表 4-1 表示某熔体的安秒特性数值关系。

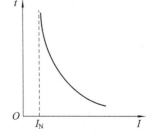

图 4-22　熔断器的保护特性

表 4-1　常用熔体的安秒特性数值关系

熔体通过电流/A	$1.25 I_N$	$1.6 I_N$	$1.8 I_N$	$2.0 I_N$	$2.5 I_N$	$3 I_N$	$4 I_N$	8
熔断时间/s	∞	3600	1200	40	8	4.5	2.5	1

（二）熔断器的分类

熔断器的类型很多，按结构形式可分为插入式熔断器、螺旋式熔断器、封闭管式熔断器、快速熔断器和自复式熔断器等。

1. 插入式熔断器

插入式熔断器如图 4-23 所示，它常用于 380 V 及以下电压等级的线路末端，作为配电支线或电气设备的短路保护。

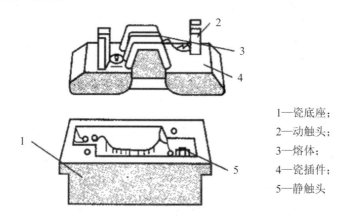

1—瓷底座；
2—动触头；
3—熔体；
4—瓷插件；
5—静触头

图 4-23　瓷插式熔断器

2. 螺旋式熔断器

螺旋式熔断器如图 4-24 所示，熔体的上端盖有一个熔断指示器，一旦熔体熔断，指示器马上弹出，可透过瓷帽上的玻璃孔观察到，它常用于机床电气控制设备中。螺旋式熔断器分断电流较大，可用于电压等级 500 V 及以下、电流等级 200 A 以下的电路中，作为短路保护。

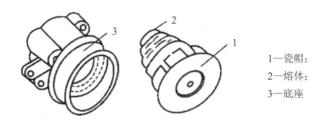

1—瓷帽；
2—熔体；
3—底座

图 4-24　螺旋式熔断器

3. 封闭管式熔断器

封闭式熔断器分有填料封闭式熔断器和无填料密闭式熔断器两种，分别如图 4-25 和图 4-26 所示。有填料封闭式熔断器一般为方形瓷管，内装石英砂及熔体，分断能力强，用于电压等级 500 V 以下、电流等级 1 kA 以下的电路中。无填料密闭式熔断器是将熔体装入密闭式圆筒中，分断能力稍小，用于 500 V 以下、600 A 以下的电力网或配电设备中。

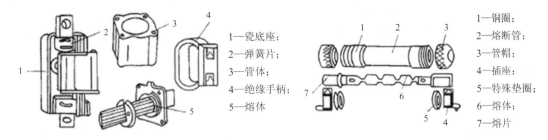

图 4-25 有填料封闭管式熔断器　　图 4-26 无填料密闭管式熔断器

4. 快速熔断器

快速熔断器主要用于半导体整流元件或整流装置的短路保护。由于半导体元件的过载能力很低。只能在极短时间内承受较大的过载电流，因此要求短路保护具有快速熔断的能力。快速熔断器的结构和有填料封闭式熔断器基本相同，但熔体材料和形状不同，它的熔体是以银片冲制的有 V 形深槽的变截面。

5. 自复式熔断器

RZ1 型自复式熔断器是一种新型熔断器，其熔体结构如图 4-27 所示。自复式熔断器采用金属钠作熔体，在常温下具有较高的电导率。当电路发生短路故障时，短路电流产生高温使钠迅速汽化，气态钠呈现高阻态，从而限制了短路电流。当短路电流消失后，温度下降，金属钠恢复原来的良好导电性能。自复式熔断器只能限制短路电流，不能真正分断电路。其优点是不必更换熔体，可以重复使用。

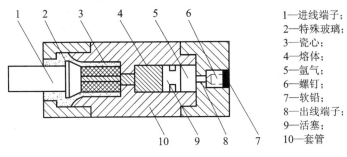

图 4-27 自复式熔断器结构图

(三) 熔断器的选择

在选用熔断器时，应根据被保护电路的需要，首先确定熔断器的类型，然后选择熔体的规格，再根据熔体确定熔断器的规格。

1. 熔断器类型的选择

主要根据线路要求、使用场合、安装条件、负载要求的保护特性和短路电流的大小等选择熔断器类型。电网配电一般用管式熔断器；电动机保护一般用螺旋式熔断器；照明电路一般用瓷插式熔断器；保护可控硅元件则应选择快速式熔断器。

2. 熔断器额定电压的选择

熔断器的额定电压应大于或等于线路的工作电压。

3. 熔断器熔体额定电流的选择

(1) 对于变压器、电炉和照明等负载，熔体的额定电流 I_{fN} 应略大于或等于负载电流 I。即

$$I_{fN} \geqslant I$$

(2) 保护一台电机时，考虑到启动电流的影响，可按下式选择：

$$I_{fN} \geqslant (1.5 \sim 2.5)I_N$$

式中，I_N 表示电动机额定电流(A)。

(3) 保护多台电机时，可按下式计算：

$$I_{fN} \geqslant (1.5 \sim 2.5)I_{Nmax} + \sum I_N$$

式中：I_{Nmax}——容量最大的一台电动机的额定电流；

　　　$\sum I_N$——其余电动机的额定电流之和。

4. 熔断器额定电流的选择

熔断器的额定电流必须大于或等于所装熔体的额定电流。

七、低压电器的安装注意事项

从安全方面考虑，安装和维护低压电器时，应注意以下事项：

(1) 电器应装在无强烈震动的地点，距地面应有适当高度。

(2) 应垂直安装，倾斜度一般不应超过 5°；对于油浸电器，绝对不许绝缘油溢出；电器的固定应使用螺栓，不得焊接固定。

(3) 安装新电器之前，应清除电器各接触面上的保护油层，以防接触不良。

(4) 维护时应注意电器的触头是否接触良好、紧密，各相触头是否动作一致，灭弧装置是否保持完整和清洁。

(5) 凡是金属外壳，都应采取防止间接触电的接地或接零保护措施；电器的裸露部分应有防护罩，以防止直接触电。

(6) 电器的防护应与安装地点的环境条件相适应。在有爆炸、火灾危险的场所以及有大量粉尘或潮湿的地点，都应安装具有相应防护措施的电器。

八、低压电器的常见故障维修

各种电器元件经过长期使用或使用不当会造成损坏，这时就必须及时对其进行维修。电气线路中使用的电器很多，结构繁简程度不一，各电器常见故障主要是元器件损坏和元器件性能变差。常用电器的常见故障及维修方法如下：

(一) 电器零部件常见故障及维修

1. 触头的故障及维修

触头的故障及维修主要有以下几点：

1) 触头过热

触头接通时，有电流通过便会发热，正常情况下触头是不会过热的。当动、静触头接

触电阻过大或通过电流过大，则会引起触头过热，当触头温度超过允许值时，会使触头特性变坏，甚至产生熔焊。产生触头过热的具体原因如下：

(1) 通过动、静触头间的电流过大。任何电器的触头都必须在其额定电流值下运行，否则会导致触头过热。造成通过触头的电流过大的原因有系统电压过高或过低、用电设备超载运行、电器触头容量选择不当和故障运行四种可能。

(2) 动、静触头间的接触电阻变大。接触电阻的大小关系到触头的发热程度，其增大的原因一是因触头压力弹簧失去弹力而造成压力不足或触头磨损变薄，针对这种情况应更换弹簧或触头；二是触头表面接触不良，例如在运行中，粉尘、油污覆盖在触头表面，加大了接触电阻；再如，触头闭合分断时，因有电弧会使触头表面烧毛、灼伤，致使残缺不平和接触面积减小，而造成接触不良，因此应注意对运行中的触头加强保养。对于铜制触头表面的氧化层和灼伤的各种触头，可用刮刀或细锉修正；对于大、中电流的触头表面，不求光滑，重要的是平整；对于小容量触头则要求表面质量好；对于银及银基触头只需用棉花浸汽油或四氯化碳清洗即可，其氧化层并不影响接触性能。维修人员在修磨触头时，切记不要刮削、销削太过，以免影响使用寿命，同时不要使用砂布或砂轮修磨，以免石英砂粒嵌于触头表面，影响触头的接触性能。

对于触头压力的测试可用纸条凭经验来测定。将一条比触头略宽的纸条(厚 0.01 mm)夹在动、静触头间，并使开关处于闭合位置，然后用手拉纸条，一般小容量的电器稍用力，纸条即可拉出；对于较大容量的电器，纸条拉出后有撕裂现象则表示触头压力合适。若纸条被轻易拉出，则说明压力不够；若纸条被拉断，说明触头压力太大。触头的压力可通过调整触头弹簧来解决。如触头弹簧损坏可更换新弹簧或按原尺寸自制，触头压力弹簧常用碳素钢弹簧丝来制造，新绕制的弹簧要在 250～300℃ 的条件下进行回火处理，保持时间约为 20～40 min，钢丝直径越大，所需时间越长。镀锌的弹簧要进行去氧处理，应在 200℃ 左右温度中保持 2 h，以便去脆性。

2) 触头磨损

触头磨损有两种：一种是电磨损，是由于触头间电火花或电弧的高温使触头金属气化所造成的；另一种是机械磨损，由触头闭合时撞击触点接触面形成滑动摩擦造成。触头在使用过程中，因磨损会越来越薄，当剩下原厚度的 1/2 左右时，应更换新触头；若触头磨损太快，应查明原因，排除故障。

3) 触头熔焊

动、静触头表面被融化后焊在一起而分断不开的现象，称为触头的熔焊。当触头闭合时，由于撞击和产生震动，在动、静触点间的小间隙中产生短电流，电弧温度高达 3000～6000℃，使触头表面被灼伤或熔化，使动、静触头焊在一起。发生触头熔焊的常见原因有触头选用不当，容量太小，而负载电流过大；操作频率过高；触头弹簧损坏导致初压力减小等。触头熔焊后，只能更换新触头，如果因触头容量不够而产生熔焊，则应选用容量大一些的电器。

2．电磁系统的故障及维修

1) 铁芯噪音大

电磁系统在工作时发出一种轻微的"嗡嗡"声，这是正常的；若声音过大或异常，可判断电磁机构出现了故障。铁芯噪音大的原因有以下几种：

(1) 衔铁与铁芯的接触面接触不良或衔铁歪斜。铁芯与衔铁经过多次磁撞后端面变形和磨损，或接触面上积有尘垢、油污锈蚀等，都会造成相互间接触不良而产生振动和噪声。铁芯的振动会使线圈过热，严重时会烧毁线圈。对于 E 形铁芯，铁芯中柱和衔铁之间留有0.1～0.2 mm 的气隙，铁芯端面变形会使气隙减小，也会增大铁芯噪声。铁芯端面若有油垢，应拆下清洗；端面若有变形或磨损，可用细砂布平铺在平板上，修复端面。

(2) 短路环损坏。铁芯经过多次碰撞后，装在铁芯槽内的短路环可能会出现断裂或脱落。短路环断裂常发生在槽外的转角和槽口部分，维修时可将断裂处焊牢，两端用环氧树脂固定；若不能焊接也可更换短路环或铁心，短路环跳出时，可先将短路环压入槽内。

(3) 机械方面的原因。如果触头压力过大或因活动部分运动受阻，使铁芯不能完全吸合，都会产生较强振动和噪声。

2) 线圈的故障及维修

(1) 线圈的故障。当线圈两端电压一定时，它的阻抗越大，通过的电流越小。当衔铁在分离位置时，线圈阻抗最小，通过的电流最大；铁芯吸合过程中，衔铁与铁芯间的间隙逐渐减小，线圈的阻抗逐渐增大，当衔铁完全吸合后，线圈电流最小，如果衔铁与铁芯间不管是何原因，不完全吸合，会使线圈电流增大，线圈过热，甚至烧毁。如果线圈绝缘损坏或受机械损伤而形成匝间短路，或对地短路，在线圈局部就会产生很大的短路电流，使温度剧增，直至将整个线圈烧毁。另外，如果线圈电源电压偏低或操作频率过高，也会造成线圈过热烧毁。

(2) 线圈的修理。线圈烧毁后，一般应重新绕制。如果短路的匝数不多，短路又在接近线圈的端头处，其他部分尚完好，则可拆去已损坏的几圈，剩余的可继续使用，这种情况对电器工作性能的影响不会很大。

3) 灭弧系统的故障及维修

灭弧系统的故障是指灭弧罩破损、受潮、炭化，磁吹线圈匝间短路，弧角和栅片脱落等，这些故障均会引起不能灭弧或灭弧时间延长的现象。若灭弧罩受潮，烘干即可使用；灭弧罩炭化时，可将积垢刮除；磁吹线圈短路时可用一字改锥拨开短路处；弧角脱落时应重新装上；栅片脱落和烧毁时可用铁片按原尺寸配做。

(二) 常用电器故障及维修

1. 接触器的故障及维修

除去上边已经介绍过的触头和电磁系统的故障分析和维修外，接触器的其他常见故障如下：

(1) 触头断相。因某相触头接触不好或连接螺钉松脱造成断相，使电机缺相运行。这种情况下，电机仍能转动，但转速低并发出较强的"嗡嗡"声。发现这种情况，要立即停车检修。

(2) 触头熔焊。接触器操作频率过高、过载运行、负载侧短路、触头表面有导电颗粒或触头弹簧压力过小等原因，都会引起触头熔焊。发生此故障时，即使按下停止按钮，电机也不会停转，应立即断开前一级开关，再进行检修。

(3) 相间短路。由于接触器正反转联锁失灵，或因误动作致使两台接触器同时投入运行而造成相间短路；或因接触器动作过快，转换时间短，在转换过程中，发生电弧短路。凡此类故障，可在控制线路中采用接触器、按钮复合联锁控制电动机的正反转。

2．热继电器的故障及维修

热继电器的故障一般有热元件烧断、误动作和不动作等现象。

(1) 热元件烧断。当热继电器动作频率太高，负载侧发生短路或电流过大时，会使热元件烧断。欲排除此故障应先切断电源，检查电路排除短路故障，再重选用合适的热继电器，并重新调整定值。

(2) 热继电器误动作。这种故障的原因是：整定值偏小，以致未过载就动作；电动机启动时间过长，使热继电器在启动过程中就有可能脱扣；操作频率过高，使热继电器经常受启动电流的冲击；使用场所强烈的冲击和振动，使热继电器动作机构松动而脱扣；另外，如果连接导线太细也会引起热继电器误动作。针对上述故障现象应调换适合上述工作性质的热继电器，并合理调整整定值或更换合适的连接导线。

(3) 热继电器不动作。由于热元件烧断或脱落，电流整定值偏大，以致长时间过载仍不动作、导板脱扣、连接线太粗等，使热继电器不动作，因此对电动机也就起不到保护作用。根据上述原因，可进行针对性修理。另外，热继电器动作脱扣后，不可立即手动复位，应过 2 min，待双金属片冷却后，再使触头复位。

3．时间继电器的故障维修

空气式时间继电器的气囊损坏或因密封不严而漏气，会使延时动作时间缩短，甚至不产生延时；空气室内要求极清洁，若在拆装过程中使灰尘进入气道内，气道将会阻塞，时间继电器的延时将会变得很长。针对上述情况拆开气室，更换橡胶薄膜或清除灰尘即可。空气式时间继电器受环境温度变化和长期存放影响都会发生延时变化，可针对具体情况适当调整。

4．速度继电器的故障和维修

速度继电器发生故障后，一般表现为电动机停车时不能制动停转。此故障如果不是触头接触不良，就可能是螺钉调整不当或胶木摆杆断裂引起的。只要拆开速度继电器的后盖进行检修即可。

九、低压电器电磁系统的维修及故障处理

在低压电器中，频繁操作的接触器、启动器、电磁继电器、电磁铁等控制电器，以及长期工作的断路器，都有容易发生故障的电磁系统。为了延长这些电器的使用寿命，应对其电磁系统进行以下维护工作：

(1) 定期用压缩空气吹扫电磁系统积聚的灰尘，用刷子蘸汽油刷去铁芯极面的污垢，但不可刷洗线圈。

(2) 定期检查铁芯工作是否正常，动、静铁芯是否对齐，交流电磁系统的噪声是否过大，动铁芯是否粘着不释放，转轴(如果有的话)转动是否灵活，并定期在轴承中注入润滑油；对于直动式电磁系统，要检查其导轨有无卡涩现象。

(3) 定期检查线圈是否牢固地装在铁芯上，线圈温升是否超过规定值，并用兆欧表测量线圈对地的绝缘电阻(一般不应小于 1 兆欧)。通常，铁芯和衔铁端面的加工精度很高，如果端面受到严重损伤或磨损而出现不平整现象，首先应使用细锉锉平，然后进行试装和修整刮平，方法如下：

① 将衔铁和静铁芯装在支架上，端面间衬一张双面复写纸。

② 向电阻线圈通电，于是衔铁吸合。此时端面上接触部位紧压着复写纸，在端面上印有斑点的地点，就是接触部位。

③ 切断电源，拆下铁芯，将端面上印有斑点的部位再锉光或刮平。锉光或刮平应顺着叠片方向进行，但不可能锉刮太平。否则，会减小 E 型磁铁中间磁极的间隙。如果该间隙小于厂家规定值，剩磁就较强，可能导致电磁线圈断电后衔铁粘住不能释放。

④ 重复以上步骤，进行多次试验，将端面上印有斑点的部位刮平，直至斑点平均密布整个端面为止。

【知识梳理】

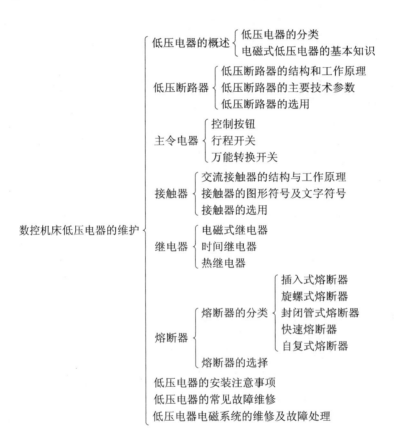

【学后评量】

1. 什么是低压电器? 常用的低压电器有哪些?
2. 断路器的主要作用是什么?

3. 交流接触器主要由哪些部分组成？

4. 熔断器有哪些用途？一般应如何选用？在电路中应如何连接？

课题三　常用机床电气控制电路的维护

【学习目标】

1. 掌握数控机床控制系统的组成。

2. 熟悉机床电气原理图的设计步骤和设计方法。

3. 掌握三相电动机的点动、长动、互锁等控制电路。

4. 掌握机床整体电气电路图的识读方法。

【课题导入】

在实际生产中通常使用异步电动机提供动力来驱动各种机械加工机床、功率不大的通风机及水泵设备。那么我们要怎样通过三相异步电动机的启动、正反转及制动运动等运动，来实现对机床电路的控制呢？

想一想

　　1. 你知道为什么有的按钮按下去电路就通，手一松就断电，而有的按钮按一下就长时间通电吗？

　　2. 按下按钮主轴电动机不能启动是什么原因？

【知识链接】

数控电力拖动系统的主电路共有两台电动机。一台是主轴电机，拖动主轴旋转和刀架做进给运动，另一台是冷却泵电动机。机床控制线路由主电路、控制电路、照明电路等组成。

一、基本控制电路

1. 点动控制电路

点动控制电路是用按钮和接触器控制电动机的最简单的控制电路，其原理图如图 4-28 所示，分为主电路和控制电路两部分。

电路工作原理如下：

首先合上电源开关 QS。执行"按下 SB→KM 线圈得电→KM 主触头闭合→电动机 M 运转"命令，电路启动。执行"松开 SB→KM 线圈失电→KM 主触头分断→电动机 M 停转"命令，电路停止。

这种当按钮按下时电动机就运转，按钮松开后电动机就停止的控制方式，称为点动控制。

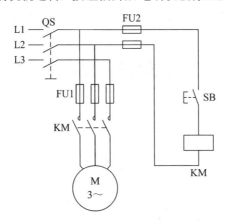

图 4-28　点动控制控制电路

2. 自锁控制电路

接触器自锁控制电路图如图 4-29 所示。此电路在点动控制电路的基础上，又在控制回路增加了一个停止按钮 SB1，还在启动按钮 SB2 的两端并接了接触器的一对辅助动合触头 KM。

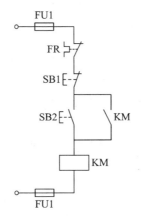

图 4-29　自锁控制电路图

电路工作原理如下：

首先合上电源开关 QS。

执行如下命令后，电路启动。

按下SB1 → KM线圈得电 ┬→ KM主触头闭合 → 电动机M运转
　　　　　　　　　　　└→ KM辅助动合触点闭合，自锁

当松开 SB2 后，由于 KM 辅助动合触头闭合，KM 线圈仍得电，电动机 M 继续运转。这种依靠接触器自身辅助动合触头使其线圈保持通电的现象称为自锁(或称自保)，起自锁作用的辅助动合触头，称为自锁触头(或称自保触头)，这样的控制电路称为具有自锁(或自保)的控制电路。

执行如下命令后，电路停止。

按下SB1 ━ KM线圈失电 ━┳━ KM主触头分断 ━ 电动机M停转
　　　　　　　　　　　　┗━ KM辅助动合触头点分断，自锁

3. 点动和自锁混合控制电路

图 4-30(b)、(c)、(d)所示的电路既能进行点动控制，又能进行自锁控制，所以称为点动和长动控制电路。其中(b)图中，当 SA 闭合时为自锁控制，当 SA 断开时为点动控制。

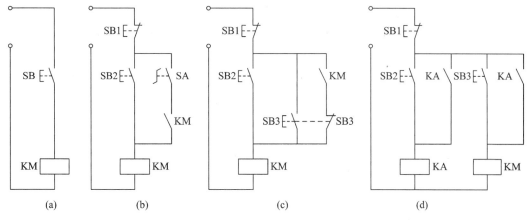

(a)　　　　　　(b)　　　　　　(c)　　　　　　(d)

图 4-30　长动与点动控制电路

 试一试

去实训车间，找一块电路板按下按钮，看它们的接触器是怎么动作的。

二、三相异步电动机正反转控制

许多机床的工作部件常需要做两个相反方向的运动，这种相反方向的运动大多靠电动机的正反转来实现。三相电动机正反转的原理很简单，只需将三相电源中的任意两相对调，就可使电动机反向运转。正反向运行线路又称为双向可逆线路，根据采用的主令器的不同，可分为按钮控制和行程开关控制这两大类。

1. 开关控制的正反转线路

倒顺开关是一种组合开关，如图 4-31 所示为 HZ3-132 型倒顺开关的工作原理示意图。

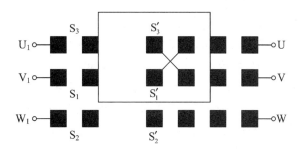

图 4-31　倒顺开关

倒顺开关有六个固定触点，其中 U_1、V_1、W_1 为一组，与电源进线相连，U、V、W 为一组，与电动机定子绕组相连。当开关手柄置于"顺转"位置时，动触片 S_1、S_2、S_3 分别将 U-U_1、V-V_1、W-W_1 相连接，使电动机正转；当开关手柄置于"逆转"位置时，动触片 S_1'、S_2'、S_3' 分别将 U-V_1、W-W_1、V-U_1 接通，使电动机实现反转；当手柄置于中间位置时，两组动触片均不与固定触头连接，电动机停止运转。

如图 4-32 所示为用倒顺开关控制的电动机正反转电路。其工作原理是利用倒顺开关来改变电动机的相序，预选电动机的旋转方向后，再通过按钮 SB2、SB1 控制接触器 KM 来接通和切断电源，控制电动机的启动与停止。

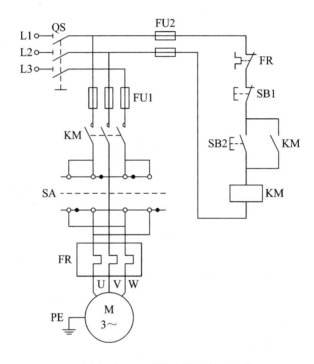

图 4-32　倒顺开关控制的正反转电路

倒顺开关正反转控制电路所用电器少、线路简单，但这是一种手动控制电路，频繁换向时操作人员的劳动强度大、操作不安全，因此一般只用于控制额定电流小于 10 A、功率在 3 kW 以下的小容量电动机。生产实践中更常用的是接触器正反转控制电路。

2. 接触器互锁的正反转控制电路

如图 4-33 所示为两个接触器的电动机正反转控制电路。

在图 4-33(a)中，若同时按下 SB2 和 SB3，则接触器 KM1 和 KM2 线圈同时得电并自锁，它们的主触头都闭合，这时会造成电动机三相电源的相间短路事故，所以该电路不能使用。为了避免两接触器同时得电而造成电源相间短路，在控制电路中，应分别将两个接触器 KM1、KM2 的辅助动断触点串接在对方的线圈回路里，如图 4-33(b)所示。

这种利用两个接触器(或继电器)的动断触头互相制约的控制方法叫互锁(也称联锁)，而这两对起互锁作用的触头称为互锁触头。

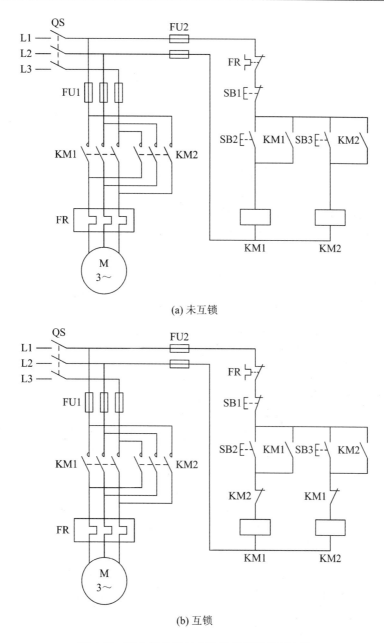

(a) 未互锁

(b) 互锁

图 4-33 两个接触器的电动机正反转控制电路

接触器互锁的电动机正反转控制的工作原理如下：

首先合上电源开关 QS。

执行下列命令后，正转启动。

按下SB2━ KM1线圈得电 ━━ KM1主触头闭合 ━ 电动机M运转

┣ KM1辅助动断触头分断，对KM2互锁

┗ KM1辅助动合触点闭合，自锁

执行下列命令后，正转停止。

按下SB1 → KM1线圈失电 ┬ KM1主触头分断 → 电动机M停转
　　　　　　　　　　　 ├ KM1辅助动断触头闭合，互锁解锁
　　　　　　　　　　　 └ KM1辅助动合触点分断，自锁解锁

执行下列命令后，反转启动。

按下SB3 → KM2线圈得电 ┬ KM2主触头闭合 → 电动机M反转
　　　　　　　　　　　 ├ KM2辅助动断触头分断，对KM1互锁
　　　　　　　　　　　 └ KM2辅助动合触点闭合，自锁

3. 按钮、接触器双重互锁的正反转控制电路

如图 4-34 所示为按钮、接触器双重互锁的电动机正反转控制电路。所谓按钮互锁，就是将复合按钮动合触头作为启动按钮，而将其动断触头作为互锁触头串接在另一个接触器线圈支路中。这样，要使电动机改变转向，只要直接按反转按钮就可以了，而不必先按停止按钮，简化了操作。

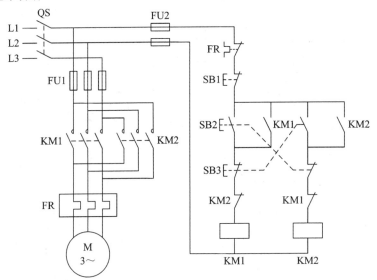

图 4-34　按钮、接触器双重互锁的电动机正反转控制电路

4. 行程开关控制的正反转电路

当生产机械的某个运动部件需在一定行程范围内往复循环运动，以便能连续加工时，就要求拖动运动部件的电动机能够自动地实现自动循环控制。其控制回路如图 4-35 所示。图中使用了具有一对动断触点和动合触点的行程开关。

这种利用运动部件的行程来实现控制的方法称为按行程原则的自动控制或行程控制。

工作原理：当按下正转启动按钮 SB2 时，接触器 KM1 线圈得电并自锁，电动机正转，运动部件向左进，当运动到位后碰撞行程开关 SQ2，SQ2 的触点使 KM1 线圈失电，SQ2 的动合触点闭合，使控制电动机反转的接触器 KM2 线圈得电并自锁，电动机又被接入电源反向启动，拖动运动部件向右后退。当撞块又压下 SQ1 时，KM2 断电，KM1 得电，电动机又重复正转。

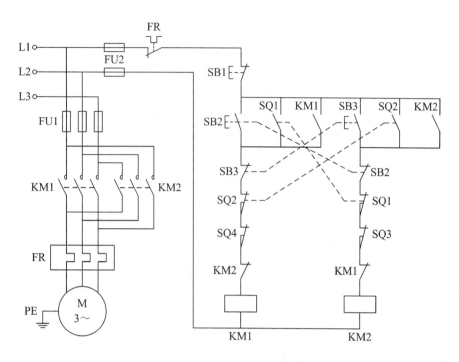

图 4-35　行程开关控制的正反转电路

图 4-36 所示的行程开关 SQ3、SQ4 用作极限位置保护。当 KM1 得电，电动机正转，运动部件压下行程开关 SQ2 时，应该使 KM1 失电，而接通 KM2，使电动机反转。但若 SQ2 失灵，运动部件继续前行则会引发严重事故。若在行程极限位置设置 SQ4(SQ3 装在另一极端位置)，则当运动部件压下 SQ4 后，会造成 KM1 失电而使电动机停止。这种限位保护的行程开关在行程控制电路中必须设置。

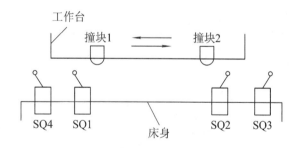

图 4-36　工作台自动往复运动的示意图

电路工作分析如下：

如图 4-35 所示，电动机启动时，按下正转启动按钮 SB2，KM1 线圈得电并自锁，电动机正转运动并带动机床运动部件向左移，当运动部件上的撞块 1 碰撞到行程开关 SQ1 时，将 SQ1 压下，使其动断触点断开，切断了正转接触器 KM1 的线圈回路，SQ1 的动合触点闭合，接通了反转接触器 KM2 的线圈回路，使 KM2 线圈得电并自锁，电动机由正转旋转变为反转旋转，带动运动部件向右运动。当运动部件上的撞块 2 碰撞到行程开关 SQ2 时，

SQ2 动作，使电动机由反转又转入正转运行，从而实现运动部件的自动循环控制。若启动时工作台在左端，应按下 SB3 进行启动。

试一试

去实训室找已接好的线路板，通上电并按下按钮，看看它们怎样实现正反转。

三、三相异步电动机的顺序启动控制

在机床控制电路中，经常要求电动机有顺序地启动，如某些机床主轴必须在油泵工作后才能工作，龙门刨床工作台移动时导轨内必须有充足的润滑油，磨床的主轴旋转后工作台方才移动等，都要求电机有顺序的启动。

常用的顺序控制电路有两种，一种是主电路的顺序控制，一种是控制电路的顺序控制。

1. 主电路的顺序控制

主电路顺序启动控制电路的电路图如图 4-37 所示。只有当 KM1 闭合，电动机 M1 启动运转后，KM2 才能使 M2 得电启动，满足电动机 M1、M2 顺序启动的要求。

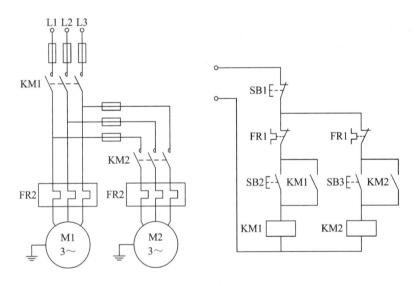

图 4-37　主电路顺序启动控制电路的电路图

2. 控制电路的顺序控制

通过控制电路来实现电动机顺序启动又分为手动顺序控制和自动延时顺序控制。

如图 4-38 所示为两台电动机手动顺序启动控制电路的电路图。接触器 KM1 控制油泵电动机的启、停，保护油泵电动机的热继电器是 FR1。KM2 及 FR2 控制主轴电动机的启动、停车与过载保护。由图 4-38 可知，只有 KM1 得电，油泵电动机启动后，KM2 接触器才有可能得电，使主轴电动机启动。停车时，主轴电动机可单独停止(按下 SB3)，但若油泵电动

机停车，则主轴电动机应立即停车。

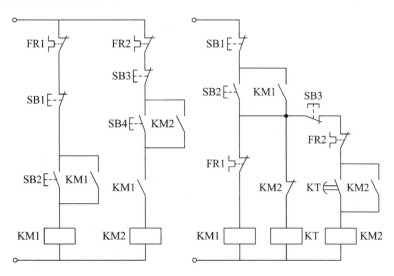

图 4-38　两台电动机手动顺序启动电路的电路图

四、三相异步电动机的启动控制电路

三相笼型异步电动机的启动有直接启动和减压启动两种方式。直接启动简单、可靠、经济。但由电工学可知，三相笼型异步电动机的直接启动电流是其额定电流的 4～7 倍。因此，功率大的电动机直接启动时，过大的启动电流会导致电网电压率显著下降，从而影响同一电网上其他电器的正常工作。

一般容量在 10 kW 以下或其参数满足下式的三相笼型异步电动机可采用直接启动，否则必须采用减压启动。

$$\frac{I_{\mathrm{st}}}{I_{\mathrm{N}}} \leqslant \frac{3}{4} + \frac{S}{4 \times P}$$

式中：I_{st}——电动机的直接启动电流(A)；

　　　I_{N}——电动机的额定电流(A)；

　　　S——变压器容量(kV·A)；

　　　P——电动机额定功率(kW)。

减压启动是指利用启动设备或线路，降低加在电动机定子绕组上的电压来启动电动机。减压启动可达到降低启动电流的目的，但由于启动转矩与每相定子绕组上的电压的平方成正比，所以减压启动的方法只适用于空载或轻载启动。

1. 直接启动控制电路

1) 直接控制电路

对于小型台钻、冷却泵、砂轮机和风扇等，可用封闭式开关熔断器组、开启式开关熔断器组、转换开关直接控制三相笼型异步电动机的启动和停止，如图 4-39 所示。

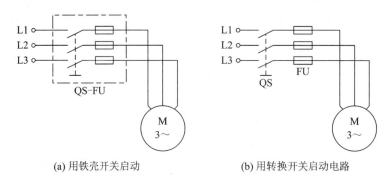

(a) 用铁壳开关启动　　　　　　(b) 用转换开关启动电路

图 4-39　电动机的直接启动电路

上述直接启动电路虽然所用电器少、线路简单，但在启动、停车频繁时，使用这种手动控制方式既不方便，也不安全，因此目前广泛采用按钮、接触器等电器来控制

2) 接触器直接启动控制电路

中小型普通车床、摇臂钻床、牛头刨床等的主电动机，一般可采用接触器直接启动，如图 4-40 所示。

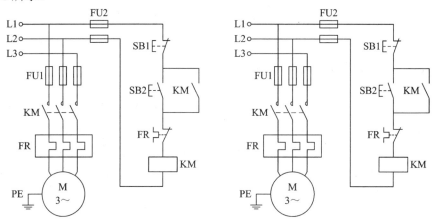

图 4-40　接触器直接启动控制电路

图 4-40 中，SB1 为停止按钮，SB2 为启动按钮，热继电器 FR 作过载保护，熔断器 FU1、FU2 作短路保护。

该启动机的工作原理是：按下按钮 SB2，接触器线圈 KM 得电，其主触头闭合，电动机得电运转；按下按钮 SB1，线圈 KM 失电，其主触头断开，电动机失电停止。

由图可知，按下按钮 SB2 接触器线圈 KM 得电，其主触头闭合的同时，其辅助常开触头也闭合，即使 SB2 断开，闭合的辅助触头也能保持 KM 线圈一直处于得电状态，这种电路称为"自锁电路"。这种自锁电路不但能保证电动机持续运转，而且还具有欠电压和失电压(零压)保护作用。

欠电压保护是指当线路电压下降到某一数值时，接触器线圈两端的电压会同时下降，接触器的电磁吸力将会小于复位弹簧的反作用力，动铁芯被释放，带动主、辅触头同时断开，自动切断主电路和控制电路，电动机失电停止，避免电动机欠电压运行而损坏。

失电压(零压)保护是指电动机在正常工作情况下，由于外界某种原因引起突然断电时，能自动切断电源，当重新供电时，电动机不会自行启动。这就避免了突然停电后，操作人员忘记切断电源，来电后电动机自行启动，而造成设备损坏或人身伤亡的事故。

2. 减压启动控制电路

1) 定子电路串电阻减压启动

在电动机启动时，在三相定子电路中串接电阻，使电动机定子绕组电压降低，启动结束后再将电阻切除，使电动机在额定电压下正常运行。正常运行时定子绕组接成 Y(星形) 连接的笼型异步电动机，采用这种方式启动。图 4-41 所示为这种启动方式的电路图。

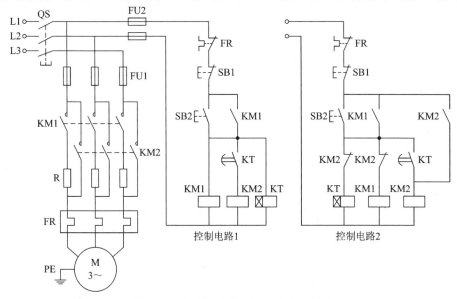

图 4-41 定子绕组串电阻减压启动电路

工作原理：合上隔离开关 QS，按下按钮 SB2，KM1 线圈得电自保，其常开主触头闭合，电动机串电阻启动，KT 线圈得电；当电动机的转速接近正常转速时，达到 KT 的整定时间，其常开延时触头闭合，KM2 线圈得电自保，KM2 的常开主触头 KM2 闭合，R 短接，电动机全压运转。

减压启动用电阻一般采用 ZX1、ZX2 系列铸铁电阻，其阻值小、功率大，可允许通过较大电流。两图不同之处在于：

(1) 控制电路 1 中 KM2 得电，电动机正常全压运转后，KT 及 KM1 线圈仍然有电，这是不必要的。

(2) 控制电路 2 利用 KM2 的动断触头切断了 KT 及 KM1 线圈电路，克服了上述缺点。电路工作原理如下：

首先合上电源开关 QS，执行下列命令：

按下SB2 ─→ KM1线圈得电 ─→ KM1主触头闭合
　　　　　　　　　　　　└─→ KM1辅助动合触头闭合，自锁

　　　　　└─→ KT线圈得电 ──经过一段时间──→ KT延时动合触头闭合 ─→

─→ KM2线圈得电 ─→ KM2主触头闭合
　　　　　　　　　└─→ KM2辅助动合触头闭合，自锁
　　　　　　　　　└─→ KM2辅助动断触头分断 ─→ KM1和KT线圈失电，所有触头复位

2) Y-△减压启动控制电路

这种方式的原理是：启动时把绕组接成 Y 连接，启动完毕后再自动转换成△连接而正常运行。凡是正常运行时定子绕组接成△连接的笼型异步电动机，均可采用这种减压启动方法(该方法也仅适用于这种接法的电动机)。如图 4-42 所示为两个接触器和同一时间继电器自动完成 Y-△转换的启动控制电路。

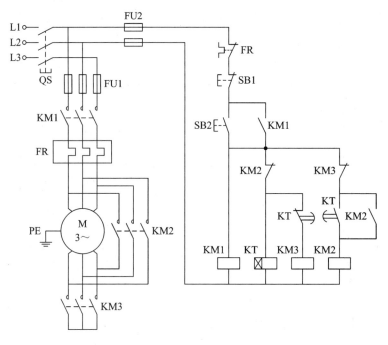

图 4-42　异步电动机 Y-△减压启动控制电路

由图 4-42 可知，按下 SB2 后，接触器 KM1 得电并自锁，同时 KT、KM3 也得电，KM1、KM3 主触头同时闭合，电动机以 Y 连接启动。当电动机转速接近正常转速时，达到通电延时时间和继电器 KT 的整定时间，其延时动断触头断开，KM3 线圈断电，延时动合触头闭合，KM2 线圈得电，同时 KT 线圈也失电。这时，KM1、KM2 主触头处于闭合状态，电动机绕组为△连接，电动机全压运行。图中把 KM2、KM3 的动断触头串接到了对方线圈电路中，构成了"互锁"电路，避免 KM2 与 KM3 同时闭合，引起电源短路。

在电动机 Y-△启动过程中，绕组的自动切换由时间继电器 KT 延时动作来控制。这种控制方式称为按时间原则控制，在机床自动控制中得到广泛应用。KT 延时的长短应根据启动过程所需时间来整定。

3) 自耦变压器减压启动控制电路

正常运行时定子绕组接成 Y 连接的笼型异步电动机，还可用自耦变压器减压启动。电动机启动时，定子绕组会加上自耦变压器的二次电压，一旦启动完成则切除自耦变压器，由定子绕组加上额定电压运行。

自耦变压器二次绕组有多个触头，能输出多种电源电压，启动时能产生多种转矩，一般比 Y-△启动时的启动转矩大得多。自耦变压器虽然价格较贵，而且不允许频繁启动，但仍是三相笼型异步电动机常用的一种减压启动装置。图 4-43 所示为一种三相笼型异步电动机自耦变压器减压启动控制电路。

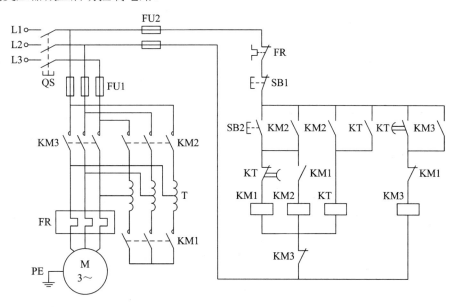

图 4-43　三相笼异步电动机自耦变压器减压启动控制电路

其工作过程是：合上隔离开关 QS，按下 SB2，KM1 线圈得电，自耦变压器为 Y 连接，同时 KM2 得电并自动保持，电动机减压启动，KT 线圈得电并自动保持；当电动机的转速接近正常工作转速时，达到 KT 的整定时间，KT 的常闭延时触头先打开，KM1、KM2 先后失电，自耦变压器 T 被切除，KT 的常开延时触头闭合，在 KM1 的常闭辅助触头复位的前提下，KM3 得电并自动保持，电动机全压运转。

电路中 KM1、KM3 的常闭辅助触头的作用是防止 KM1、KM2、KM3 同时得电使自耦变压器 T 的绕组电流过大，从而导致其损坏。

五、常用的制动控制电路

由于电动机转子的惯性，异步电动机从切除电源到停转有一个过程，需要一段时间。但是为了缩短辅助时间、提高生产效率，许多机床(如万能铣床、卧式镗床、组合机床等)都要求能迅速停车和精确定位。这就要求对电动机进行制动，强迫其立即停车。

机床上制动停车的方式有两大类：机械制动和电气制动。机械制动是利用机械或液压制动装置制动。电气制动是由电动机产生一个与原来旋转方向相反的转矩来实现制动。机床中常用的电气制动方式有能耗制动和反接制动。

能耗制动的原理是切除异步电动机的三相电源之后，立即在定子绕组中接入直流电源，转子切割恒定磁场产生的感应电流与恒定磁场作用产生制动转矩，使电动机高速旋转的动能消耗在转子电路中。当转速降为零时，切除直流电源，制动过程完毕。能耗制动的优点是制动准确、平稳、能量消耗小。其缺点是制动力较小(低速时尤为突出)，需要直流电源。能耗制动适用于要求制动准确、平稳的场合，如磨床、龙门刨床及组合机床的主轴定位等。

反接制动利用改变异步电动机定子绕组上的三相电源的相序，使定子产生反向旋转的磁场并作用于转子而产生强力制动力矩。反接制动时，旋转磁场的相对速度很大，定子电流也很大，因此制动迅速。但在制动过程中有较大冲击，对传动机构有害，能量消耗也较大。此外，在速度继电器动作不可靠时，反接制动还会引起反向再启动。因此反接制动方式常用于不频繁启动、制动对停车位置无精确要求且传动机构能承受较大冲击的设备中，如铣床、镗床、中型车床。

1. 机械制动控制电路

利用机械装置使电动机断开电源后迅速停转的方法称为机械制动。机械制动分为通电制动型和断电制动型两种。

电磁抱闸制动装置由电磁操作机构和弹簧力机械抱闸机构组成。图 4-44 所示为断电制动型电磁抱闸的结构及控制电路。

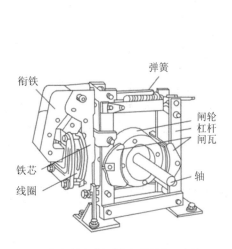

(a) 断电制动型电磁抱闸的结构示意图

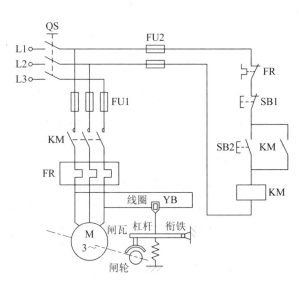

(b) 断电制动型电磁抱闸的控制电路

图 4-44   断电制动型电磁抱闸的结构及控制电路图

断电制动的工作原理：合上电源开关 QS，按下 SB2 后，接触器 KM 线圈得电自锁，主触头闭合，电磁铁线圈 YB 通电，衔铁吸合，使制动器的闸瓦和闸轮分开，电动机 M 启动运转。停车时，按下停止按钮 SB1 后，接触器 KM 线圈断电，自锁触头和主触头分断，使电动机和电磁铁线圈 YB 同时断电，衔铁与铁芯分开，在弹簧拉力的作用下闸瓦紧紧抱住闸轮，电动机迅速停转。

2. 反接制动控制电路

用于快速停车的电气制动方法有反接制动和能耗制动等。反接制动靠改变电动机定子绕组中三相电源的相序，使电动机旋转导致磁场反转，从而产生一个与转子惯性转动方向相反的电磁转矩，使电动机转速迅速下降，电动机制动到接近零转速时，再将反接电源切除，通常采用速度继电器检查速度的过零点。

3. 能耗制动控制电路

能耗制动是指在切除三相交流电源之后，定子绕组通入直流电流，在定子、转子之间的气隙中产生静止磁场，惯性转动的转子导体切割该磁场，形成感应电流，产生与惯性转动方向相反的电磁力矩而使电动机迅速停转，并在制动结束后将直流电源切除。图 4-45 所示为按时间原则控制的能耗制动电路图。

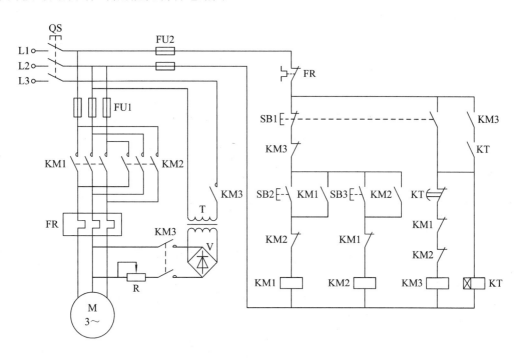

图 4-45　按时间原则控制的能耗制动电路图

能耗制动工作原理如下：首先合上电源开关 QS，再执行如图 4-46 所示的命令。

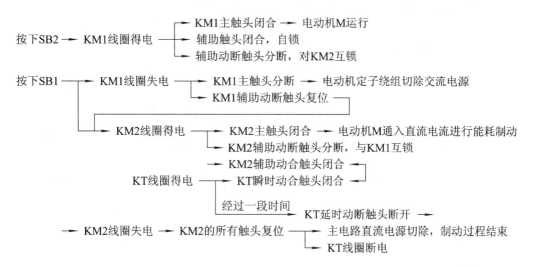

图 4-46　能耗制动的命令执行过程

试一试

　　去实训车间，在各种制动设备上尝试一下，看看它们的制动各有何特点。

六、电路常见故障和处理

电路常见的故障有短路、断路、过载等。

1. 短路

电路常见的短路故障及处理方法如下：

(1) 主电路短路引起熔丝 FU 熔断时，要检查电路绝缘和连线是否相碰。

(2) 变压器内部短路时，要更换变压器。

(3) 控制电路短路主要由于远距离控制连接导线较长，容易对地短路，要检查控制电路。

(4) 照明灯短路引起变压器短路烧坏时，要检查照明电路和工作灯。

2. 断路

电路常见的断路故障及处理方式如下：

(1) 热继电器的整定值选择不当，导致启动或工作时切断控制电路。要选择合适的允许值，以电动机的额定电流为准。

(2) 连接线路断路，按钮连接线点脱离(松动)引起断路。要检查各连接点和导线。

3. 过载

过载故障有电动机断相，电动机绕组对地等。由于线路中设有保护性措施，要根据元器件的动作情况进行处理。

★ 案例 1：

【电路故障现象】　如图 4-47 所示，按下启动按钮 SB2，接触器 KM1 不吸合。

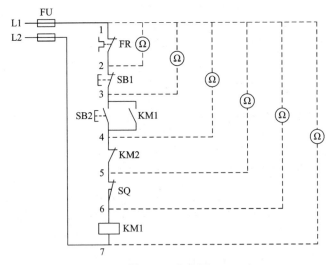

图 4-47　电路图

【检测方法】　断开电源，把万用表的选择开关转到电阻挡，按下 SB2 不放松，测量 1-7 两点之间的电阻，如果电阻无穷大，说明电路断路。再分步测量 1-2、1-3、1-4、1-5、1-6 各点间的电阻值，如果某个标号间的电阻值突然增大，就说明该点的触点或连接导线接触不良或者断路。这个主要是考虑不同的元器件的电阻值大小。另外也可以用测量电压的方法进行检测。

★ 案例 2：

【电路故障现象】　配备 FUNAC 0i2B 数控系统的美国哈挺 42 机床在进行加工时，出现"401"报警。

【诊断过程】　按照设备维修手册所提供的信息，引起"401"报警后需要检查的项目有九项：

(1) PSM 控制电源是否接通？

(2) 急停是否解除？

(3) 最后的放大器 JX1B 插头上是否有最终插头？

(4) MCC 是否接通？

(5) 驱动 MCC 的电源是否接通？

(6) 断路器是否接通？

(7) PSM 或 SPM 是否有报警发生？

(8) 如果伺服放大器周围的电源驱动回路没有发现问题，则更换伺服放大器。

(9) 如果以上措施都不能解决问题，那么更换轴控制卡。

打开系统背板，清除线路板上的灰尘后，按照顺序，经现场检测，除(8)和(9)两项外，其他部位都工作正常，则可以排除这 7 种原因引起故障的可能。仔细检查伺服放大器及其周围的驱动回路，检测各坐标轴的驱动控制单元，发现 X 轴的驱动控制单元的某个元件粘连，怀疑该元件损坏，更换该元件，报警解除。

【解决办法】设备的长期使用，使元件老化及灰尘长时间没有清理导致元件散热不良，温度升高，电子元件粘连、损坏，导致 X 轴伺服放大器的驱动回路出现故障。更换该元件，故障消失，设备工作正常。

★ 案例 3：

【电路故障现象】　配有 FANUC-0i-mate 系统的数控车，无法输入对刀值等参数，不能编辑程序，并伴有报警。

【诊断过程】　首先检查程序保护开关，通过对比正常的系统发现，与系统锁住时现象一样，没有问题。其次检查系统锁开关是否损坏，但经过短接，仍然不能解决问题。再通过观察故障系统的梯形图，发现 X56 输入点无信号输入，说明这条输入线路断路。沿着这条线路用万用表检查，发现在操作面板后面的选轴开关接头处线头脱落，导致线路无法输入信号，使 PLC 逻辑关系不正确，才出现以上故障。

【解决办法】　用电烙铁把脱落的线头重新焊接好，报警解除，参数输入正常。

【知识梳理】

电气控制电路的维护
- 基本控制电路
  - 点动控制电路
  - 自锁控制电路
  - 点动和自锁混合控制电路
- 电动机正反转控制
  - 开关控制的正反转线路
  - 接触器互锁的正反转控制电路
  - 按钮、接触器双重互锁的正反转控制电路
  - 行程开关控制的正、反转电路
- 三相异步电动机的顺序启动控制
  - 主电路的顺序控制
  - 控制电路的顺序控制
- 三相异步电动机的启动控制电路
  - 直接启动控制电路
  - 减压启动控制电路
- 制动控制电路
  - 机械制动控制电路
  - 反接制动控制电路
  - 能耗制动控制电路
- 电路常见的故障和处理

【学后评量】

1. 机床基本控制电路有哪些?
2. 简述点动控制电路的工作原理,并绘制其原理图。
3. 按钮、接触器双重互锁的正反转控制电路是怎样实现的?
4. 三相笼型异步电动机有几种启动方式?
5. 常用的顺序控制电路有几种?
6. 机械制动控制电路有哪些?

课题四　数控机床各执行电机的检查维护

【学习目标】

1. 了解常用伺服电动机的基本结构与工作原理。
2. 掌握伺服驱动系统的组成与相关的原理。
3. 熟悉数控伺服系统的自诊断功能。
4. 能对故障产生的原因进行综合判断。

【课题导入】

数控机床之所以能够完成数控系统控制程序内的指令要求,加工出高精度的零件,执行电动机是功不可没的。在数控加工过程中,我们是通过哪些电动机对主轴运动和进给运

动的控制来完成被加工工件的加工表面成型运动的呢？电动机是怎样实现位置控制和速度控制的呢？

想一想

1. 你所知道的电动机有哪些？
2. 你知道哪些国内外的数控机床品牌？

【知识链接】

驱动电动机是数控机床的执行元件，用以完成进给运动和主轴驱动。用于驱动数控机床各个坐标轴进给运动的电动机称为进给电动机；用于驱动机床主轴运动的电动机称为主轴电动机。数控机床驱动电动机的常用种类有如下几种：

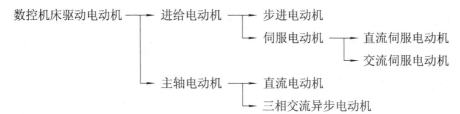

一、步进电动机

步进电动机伺服系统是典型的开环伺服系统。此系统中的执行元件是步进电动机，它将进给脉冲转换为具有一定方向、大小和速度的机械转角位移，带动工作台移动。由于该系统没有反馈检测环节，因此它的精度主要由步进电动机来决定，速度也受到步进电动机性能的限制。但开环伺服系统结构和控制简单，容易调整，在速度和精度要求不太高的场合，仍有一定的使用价值。

1. 步进电动机的结构

1) 按力矩产生方式分类

步进电动机的种类有很多。按力矩产生的原理分为反应式、励磁式和混合式。

(1) 反应式：转子中无绕组，定子绕组励磁后产生反应力矩，使转子转动。这是我国主要发展的类型，已于上 20 世纪 70 年代末形成完整的系列，有较好的性能指标。反应式步进电机有较高的力矩转动惯量比，步进频率较高，频率响应快，不通电时可以自由转动，结构简单，寿命长。

(2) 励磁式：电动机定子和转子均有励磁绕组，由它们之间的电磁力矩实现步进运动。

(3) 混合式(即永久磁感应式)：它与反应式的主要区别是转子上置有磁钢。反应式电动机转子上无磁钢，输入能量全靠定子励磁电流供给，静态电流比永磁式大许多。永久磁感应子式具有步距角小、有较高的启动和运行频率、消耗功率小、效率高、不通电时有定位转矩、不能自由转动等特点，广泛应用于机床数控系统、打印机、软盘机、硬盘机和其他数控装置中。

2) 按输出力矩大小分类

按输出力矩大小可将步进电动机分为伺服式和功率式。

(1) 伺服式。伺服式步进电机的输出扭矩一般为 0.07~4 N·m，只能驱动较小的负载，一般与液压转矩放大器配合使用，才能驱动机床等较大负载，或者用于小型精密机床的工作台(例如线切割机床)。

(2) 功率式。功率式步进电机的输出扭矩一般为 5~40 N·m，可以直接驱动较大负载，按励磁相数可分为三相、四相、五相、六相等。相数越多，步距角越小，但结构越复杂。

3) 按绕组分布方式分类

按各项绕组分布方式可将步进电动机分为径向式和轴向式。

(1) 径向式(单段式)：径向式步进电机的定子各相绕组按圆周依次排列。

(2) 轴向式(多段式)：轴向式步进电机的定子各相绕组按轴向依次排列。

2. 步进电动机的工作原理

1) 步进电机的有关术语

* 相数：电动机定子上有磁极，磁极的对数称为相数。如图 4-48(a)有六个磁极，则为三相，称该电动机为三相步进电动机。十个磁极为五相，称该电动机为五相步进电动机。

* 拍数：电动机定子绕组每改变一次通电方式称为一拍。

* 步距角：转子经过一拍转过的空间角度，用符号 ϕ 表示。

* 齿距角：转子上齿距在空间的角度。如转子上有 z 个齿，则齿距角为 $360°/z$。

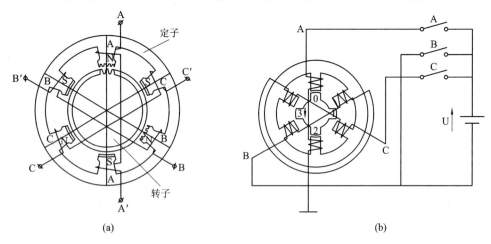

(a)   (b)

图 4-48　反应式步进电动机的工作原理

从图 4-48(a)可以看出，在定子上有六个大极，每个极上绕有绕组。每对对称的大极绕组形成一相控制绕组。这样形成 A、B、C 三相绕组。极间夹角为 60°。在每个大极上，面向转子的部分分布着多个小齿，这些小齿呈梳状排列，大小相同，间距相等。转子上均匀分布有 40 个齿，大小和间距与大齿上相同。当某相(如 A 相)上的定子和转子上的小齿在通电电磁力的作用下对齐时，另外两相(B 相、C 相)上的小齿分别向前或向后产生三分之一齿的错齿，这种错齿是实现步进旋转的根本原因。这时如果在 A 相断电的同时，另外某一相通电，则电动机的这个相由于电磁吸力的作用使之对齐，产生旋转。步进电动机每走一步，旋转的角度就是错齿的角度。错齿的角度越小，所产生的步距角越小，步进精度越高。现在的步进电动机的步距角通常为 3、1.8、1.5、0.9、0.5、0.09 等。步距角越小，步进电动机结构越复杂。

2) 步进电动机的通电方式及步距角

由步进电动机的结构我们了解到，要使步进电动机能连续转动，必须按某种规律分别向各相通电。步进电动机的步进过程如图 4-48(b)所示。假设图中是一个三相反应式步进电动机，每个大极只有一个齿，转子有 4 个齿，分别称为 0、1、2、3 齿。直流电源开关分别对 A、B、C 三个相通电。整个步进循环过程见表 4-2。

表 4-2　步进循环过程

通　电　相	对　齐　相	错　齿　相	转子转向
A 相(初始状态)	A 和 0、2	B、C 和 1、3	
B 相	B 和 1、3	A、C 和 0、2	逆转 1/2 齿
C 相	C 和 0、2	A、B 和 1、3	逆转 1 齿

(1) 步进电动机的通电方式。步进电动机有单向轮流通电、双相轮流通电、单双相轮流通电三种通电方式。

① 三相单三拍。对三组绕组 A、B、C 三相轮流通电一次称为一个通电周期，步进电动机每转动一拍为一个齿轮距。对于三相步进电动机，如果一拍转过一个齿，称为三相三拍工作方式。

当按 A→B→C→A 的相序顺序轮流通电时，磁场逆时针旋转，转子也逆时针旋转，反之则顺时针转动。电压波形如图 4-49 所示。

这种通电方式只有一相通电，容易使转子在平衡位置上发生振荡，稳定性不好。而且在转换时，由于一相断电时，另一相刚开始通电，易失步(指不能严格地执行对应一个脉冲转一步)，因而不常采用这种通电方式。步距角系数 $k = 1$。

② 双相双三拍。这种通电方式对两相同时通电，其通电顺序为 AB→BC→CA→AB，控制电流切换三次，磁场旋转一周，其电压波形如图 4-50 所示。

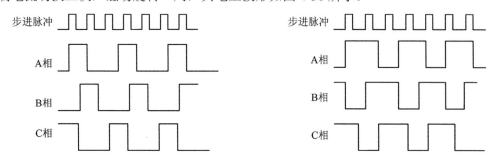

图 4-49　三相步进电动机单三拍工作电压波形图　　图 4-50　三相步进电动机双三拍工作电压波形图

双相双三拍转子受到的感应力矩大，静态误差小，定位精度高，而且转换时始终有一相通电，可以使工作稳定，不易失步。其步距角和单三拍相同，步距角系数 $k = 1$。

③ 三相六拍。如果把单三拍和双三拍的工作方式结合起来，就形成了六拍工作方式，这时通电次序为 A→AB→B→BC→C→CA→A。在六拍工作方式中，控制电流切换六次，磁场旋转一周，转子转动一个齿距角，所以齿距角是单拍工作时的二分之一。每一相是连

续三拍通电，这时电流最大，且电磁转矩也最大。且由于通电状态数增加了一倍，因此步距角减少小了一半，步距角系数 $k=2$。

(2) 步距角的计算。设步进电动机的转子齿数为 z，它的齿距角为 ϕ。由于步进电动机运行一拍可使转子转动一个齿距角，所以每一拍的步距角可以表示为

$$\phi = \frac{360°}{mzk}$$

其中：ϕ——步距角；

　　　k——由控制方式确定的拍数与相数的步距角系数。

采用单相和双相通电方式时，$k=2$；

如果是单相且转子有 40 齿并且采用三拍工作的步进电动机，则步距角 ϕ 为 3°；

如果电动机是按单、双相通电方式运行，则三相步进电动机的转子齿数 $z=40$，步距角系数 $k=2$，其步距角 ϕ 为 1.5°。

3. 步进电动机的主要特性

1) 步距角和步距误差

步距角是步进电动机的一项重要性能指标，它直接关系到进给伺服系统的定位精度，因此选用电动机时也要选步距角。步进电动机在转动过程中无累计误差，但在每步中实际步距角和理论步距角之间有误差。我们把一转内各步距误差的最大值定为步距误差。步进电动机的静态步距误差通常为理论步距的 5% 左右。步进电动机的进给系统为开环控制，步距误差无法补偿，故应尽量选择精度高的电动机。

2) 静态矩角特性和最大静转矩

当步进电动机的某相通电时，转子处于不动状态，这时转子上无转矩输出。如果在电动机轴上加一个负载转矩，转子按一定方向转过一个角度 ϕ，重新处于不动(稳定)状态，这时转子上受到的电磁转矩 T 称为静态转矩，它与负载转矩相等，转过的角度 ϕ 称为失调角。静态时 T 与 ϕ 的关系称为静态矩角特性，近似于正弦曲线，如图 4-51 所示。该特性上的电磁转矩最大值称为最大静转矩。在静态稳定区内，当除去外转矩后，转子在电磁转矩的作用下，仍能回到稳定平衡点位置。

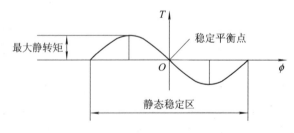

图 4-51　步进电动机矩角特性

最大静转矩表示步进电动机承受负载的能力。它越大，电动机带动负载的能力越强，运行快速性和稳定性越好。

3) 最大启动转矩

电动机相邻两相的静态矩角特性曲线的交点所对应的转矩即为最大启动转矩。当外界

负载超过最大启动转矩时，步进电动机就不能启动，如图 4-52 所示。

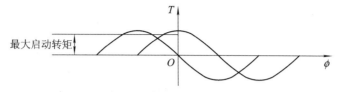

图 4-52　步进电动机最大启动转矩

4) 最大启动频率

空载时，步进电动机由静止状态启动，达到不丢步的正常运行的最高频率称为最大启动频率。启动时指令脉冲频率比空载要低。每一种型号的步进电动机都有固定的空载启动频率，它是步进电动机快速性能的重要指标。一般来说，若负载转矩与转动惯量增加，则启动频率下降。实际上，该频率表明了步进电机所允许的最高启动加速度。

5) 连续运行频率

步进电动机在最大启动频率以下启动后，当输入脉冲信号频率连续上升时，能不失步运行的最大输入信号频率，称为连续运行频率。该频率远大于最大启动频率。

6) 矩频特性与动态转矩

步进电动机在连续运行状态下所产生的转矩，称为动态转矩。最大动态转矩和脉冲频率的关系为 $T = F(f)$，称为矩频特性，如图 4-53 所示。该特性上每一个频率对应的转矩称为动态转矩。最大动态转矩小于最大静转矩，使用时要考虑动态转矩随连续运行频率的升高而降低的特点。

7) 加减速特性

步进电动机的加减速特性用于描述步进电动机由静止到工作或由工作到静止的加减速过程中，定子绕组通电状态的频率变化与时间的关系。步进电动机的升速和降速特性用加速时间常数 T_a 和减速时间常数 T_d 来描述，如图 4-54 所示。

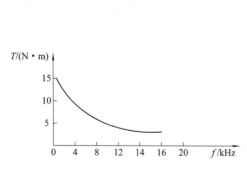

图 4-53　步进电机矩频特性

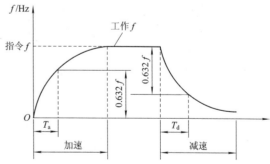

图 4-54　步进电机加减速特性

为了保证运动部件的平稳和准确定位，根据步进电动机的加减速特性，在启动和停止时应进行加减速控制。加减速控制的具体实现方法有很多，常用的有指数规律和直线规律加减速控制。指数加减速控制具有较强的跟踪能力，但当速度变化较大时平衡性较差，一般适用于跟踪响应要求较高的切削加工中；直线规律加减速控制平稳性较好，适用于速度变化范围较大的快速定位方式中。

在选用步进电机时，应根据驱动对象的转矩、精度和控制特性来进行。

 试一试

在实训老师的指导下拆一台电动机，看看里面的结构是怎样的。

二、伺服电动机

伺服电动机作为进给电动机通常用于半闭环的伺服系统，为了满足数控机床对伺服系统的要求，伺服电动机有别于普通电动机，伺服电动机的特点有如下四点：

(1) 从最低到最高速，伺服电动机都能平滑运动，转矩波动较小，尤其在最低速 1 r/min 或更低速时，仍有平稳的速度而无爬行现象。

(2) 伺服电动机具有较长时间的过载能力，可满足低速大转矩的要求。

(3) 为了满足快速响应的要求，伺服电动机具有较小的转动惯量和较大的堵转转矩，并具有尽可能小的时间常数和启动电压。

(4) 伺服电动机具有承受频繁启动、制动和正反转的能力。

(一) 直流伺服电动机

直流伺服电动机的主极为永磁铁，其产生的磁通通过气隙和转子铁芯构成磁场回路，如图 4-55 所示。转子铁芯中的电枢绕组通过电枢电流，在磁场的作用下产生电磁转矩使转子旋转起来。

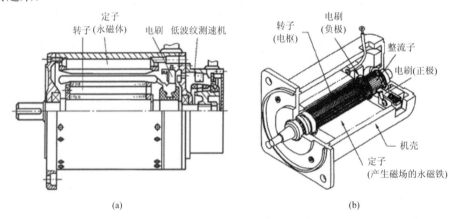

(a)   (b)

图 4-55   直流伺服电动机的结构示意图

电枢电流方向的改变称为换向，换向是通过电刷和换向器的配合完成的，故又称电刷和换向器为机械式变流器。由于换向时电流发生突变，在电刷和换向器之间产生火花，转速越高、负载越大，火花越剧烈，同时电刷和换向器在接触过程中易被磨损，造成接触不良，另外磨损产生的粉末易堵塞转换器，造成短路，因此，直流伺服电动机在使用过程中要经常进行维护，这是直流伺服电动机的不足之处。

为了满足伺服系统的要求，有效的方法是提高直流伺服电动机的力矩惯量比，由此产生了小惯量伺服电动机和宽调速直流伺服电动机。

1. 小惯量直流伺服电动机

小惯量伺服电动机是通过减小电枢的转动惯量来提高力矩惯量比的。小惯量直流伺服电动机的转子与一般直流电动机的区别在于转子长而直径小，从而可得到较小的惯量；另外，小惯量直流伺服电动机的转子为光滑无槽铁芯，可用绝缘黏合剂直接把线圈黏在铁芯表面上。小惯量直流伺服电动机的机械时间常数小，响应快，低速运转稳定而均匀，能频繁启动和制动。但由于过载能力低，且自身惯量比机床相应运动部件的惯量小，因此必须配置减速机构与丝杆相连接才能和运动部件的惯量相匹配，增加了传动链误差。小惯量直流伺服电动机在早期的数控机床上得到了广泛应用。

2. 宽调速直流伺服电动机

宽调速直流伺服电动机又称大惯量直流伺服电动机，通过输出力矩来提高力矩惯量比。具体措施是增加定子磁极对数并采用高性能的磁性材料(如稀土钴等)以产生强磁场，该磁性材料性能稳定且不易退磁；另外，在同样的转子外径和电枢电流的情况下，增加了转子上的槽数和槽的横截面积。因此，电动机的机械时间常数和电气时间常数都有所减小，这样就提高了快速影响性。宽调速直流伺服电动机能提供大转矩的意义在于：

(1) 能承受的峰值电流和过载能力高(能产生额定力矩 10 倍的瞬间转矩)，满足了数控机床对其加减速的要求。

(2) 具有大的力矩惯量比，快速性好。由于电动机自身惯量大，外部负载惯量相对来说较小，提高了抗机械干扰能力，因此伺服系统的调速几乎与负载无关，大大方便了安装调试工作。

(3) 低速时输出力矩大。这种电动机能与丝杆直接相连，省去了齿轮等传动机构，提高了机床电动机的进给传动精度。

(4) 调速范围大。与高性能伺服单元组成速度控制系统时，调速范围超过 1∶1000。

(5) 转子热容量大。电动机的过载性能好，一般能过载运行几十分钟。

在结构上，这类电动机采用了内装式的低波纹的测速发动机。测速发动机的输出电压作为速度环的反馈信号，使电动机在较宽的范围内平稳运行。除测速发动机外，还可以在电动机内部安装位置检测装置(如光电编码器或旋转变压器)。当伺服电动机用于垂直驱动时，电动机内部可安装电磁制动器，以克服滚珠丝杠垂直安装的非自锁现象。

大惯量伺服直流电动机的机械特性如图 4-56 所示。图 4-56 中，T_r 为连续工作转矩，T_{max} 为最大转矩。

① 连续工作区：电动机通以连续工作电流，可长期工作，连续电流值受发热极限的限制。

② 断续工作区：电动机处于接通—断开的连续工作方式，换向器与电刷工作于无火花的换向区，可承受低速大转矩的工作状态。

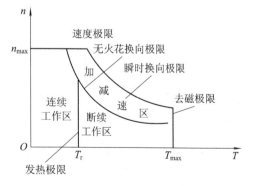

图 4-56　大惯量伺服直流电动机的机械特性

③ 加减速区：电动机处于加减速工作状态，如启动、停止。启动时，电枢瞬时电流很大，所引起的电枢反应会使磁极退磁和换向产生火花，因此，电枢电流受去磁极限和瞬时换向极限的限制。

(二) 交流伺服电动机

数控机床用于进给驱动的交流伺服电动机大多采用三相交流永磁同步电动机。在结构上，三相同步电动机的定子装有三相对称绕组，转子为永久磁极。当定子三相绕组中通入三相电源后，就会在电动机的定子、转子之间产生一个旋转磁场，这个旋转磁场的转速称为同步转速。由于转子是一个永久磁极，因此，转子的转速也就是转子磁场的转速。电动机的电磁转矩只能在定子旋转磁场和转子磁场完全同步时才发挥作用，所以这种电磁转矩也称为同步转矩。

交流伺服电动机通常在轴端装有转子位置检测器，通过检测转子角度进行变频控制，转子位置检测器一般由光电编码器和霍尔开关组成。变频控制的方法有他控变频和自控变频两大类。和直流伺服电动机相比，由于同步电动机转子有磁极，在很低的频率下也能运行，因此，在相同的条件下，同步电动机的调速范围比异步电动机更宽。同时，同步电动机比异步电动机对转矩扰动具有更强的承受力，能做出更快的响应。

综合上述因素，三相永磁同步电动机作为交流伺服电动机在当前的数控机床进给驱动中得到了广泛应用。如图 4-57 所示为西门子 1FT5 系列三相交流永磁同步电动机的结构简图。

交流伺服电动机的机械特性曲线如图 4-58 所示。在连续工作区，转速与转矩的输出组合都可长时间连续运行；在断续工作区，电动机可间断运行。交流伺服电动机的机械特性比直流伺服电动机更强，断续工作范围更大。

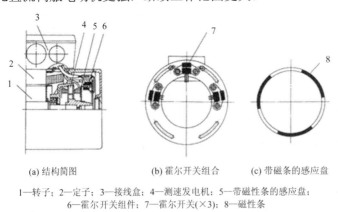

(a) 结构简图　　　　(b) 霍尔开关组合　　　(c) 带磁条的感应盘

1—转子；2—定子；3—接线盒；4—测速发电机；5—带磁性条的感应盘；
6—霍尔开关组件；7—霍尔开关（×3）；8—磁性条

图 4-57　1FT5 系列三相交流永磁同步电动机的
结构简图

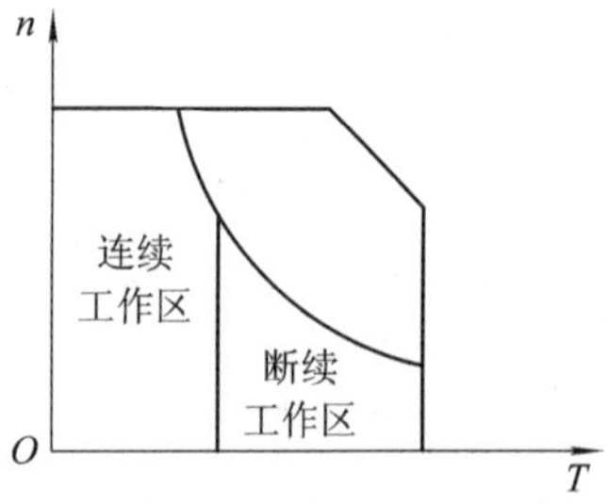

图 4-58　交流伺服电动机的
机械特性

交流伺服电动机的主要特性参数有：

(1) 额定功率：电动机长时间连续运行时所能输出的最大功率，数值上约为额定转矩与额定转速的乘积。

(2) 额定转矩：电动机转速在额定转速以下时所能输出的长时间工作转矩。

(3) 额定转速：由额定功率和额定转矩决定，通常在额定转速以上工作时，随着转速的升高，电动机所能输出的长时间工作转矩会下降。

(4) 瞬时最大转矩：电动机所能输出的瞬时最大转矩。

(5) 最高转速：电动机的最高工作转速。

(6) 电动机转子惯量。

值得一提的是，随着直线电动机技术的发展，直线电动机有应用在进给驱动控制中的趋势。直线电动机的运动轨迹为直线，因此为进给伺服驱动省去了滚珠丝杠螺母副等传动元件，使机床运动部件的快速性、精度和刚度得到了提高。如图4-59所示为直线电动机的结构组成。

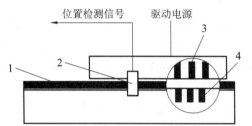

1—直线位移检测装置；
2—测量部件；
3—一次绕阻(励磁绕阻)；
4—二次绕阻(永久励磁)

图4-59　直线电动机的结构组成

直线电动机直接驱动的是高速、高精度的数控机床，是大型数控机床理想的驱动方式。直线电动机由滑块组件和磁铁组件组成。与滚珠丝杠连接结构相比，直线电动机驱动控制有如下优点：

(1) 响应快。一般机械传动元件比电气元件的动态响应时间要大几个数量级，由于进给系统取消了响应时间常数较大的机械传动元件(如滚珠丝杠螺母副等)，使整个闭环控制系统动态响应性大大提高，从而实现了启动时瞬间达到高速，高速运行时又能瞬间停止。

(2) 传动刚度高。直线电动机直接和负载连接，缩短了传动链，减少了机械磨损和传动件的弹性变形，避免了反向间隙，提高了传动刚度。

(3) 定位精度高。由于减少了机械传动机构，减少了传动系统滞后带来的跟踪误差(跟踪误差=位置指令−位置实际检测值)，同时，位置检测采用直线光栅进行直线测量，大大提高了机床的位置精度。

试一试

在车间找到交流与直流两种电机，把它们拆开来看看结构有何不同。

三、主轴电动机

为了满足数控机床对主轴驱动的要求，主轴电动机应具备以下性能：

(1) 电动机功率要大，且在大的调速范围内速度要稳定，恒功率调速范围要宽。

(2) 在断续负载下电动机转速波动要小。

(3) 加速、减速时间短。

(4) 升温低，噪声和振动小，可靠性高，寿命长。

（5）电动机过载能力强。

1. 直流主轴电动机

当采用直流电动机作为主轴电动机时，直流主轴电动机的主磁极不是永磁式，而是采用铁芯加励磁绕组，以便进行调磁调速的恒功率控制。为改善磁场分布，有的主轴电动机在主磁极上除了励磁绕组外还有补偿绕组；为改善换向特性，主磁极之间还有换向极。直流主轴电动机的过载能力一般约为连续额定电流的1.5倍。

2. 交流主轴电动机

交流主轴电动机采用三相交流异步电动机。电动机主要由定子及转子构成。定子上有固定的三相绕组；转子铁芯上开有许多槽，每个槽内装有一根导体，所以导体的两端短接在端环上，如果去掉铁芯，转子绕组的形状就像是一个鼠笼，所以叫做笼型转子。

定子绕组通入三相交流电后，在电动机气隙中会产生一个旋转磁场，称为同步转速。转子绕组中必须要有一定大小的电流以产生足够的电磁转矩带动负载，而转子绕组中的电流是由旋转磁场切割转子绕组而感应产生的。要产生一定大小的电流，转子转速必须低于磁场转速，因此，异步电动机也称笼型感应电动机。交流主轴电动机恒转矩与恒功率调速比为1:3，过载能力约为额定负载的1.2~1.5倍，过载时间从几分钟到半小时不等。

当交流主轴电动机采用矢量变频控制时，主轴电动机一般采用光电编码器作为转速反馈，采用转子位置检测用于磁场定向控制。图4-60所示为西门子1PH5系列交流主轴电动机外形图。同轴连接的ROD323光电编码器用于测速和矢量变频控制。

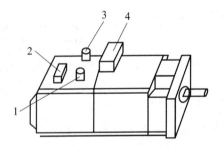

1—编码器及电机温度传感器插座；
2—冷却风扇电动机接线盒；
3—用于主轴定位轴端编码器插座；
4—主轴电动机三相电源接线盒

图4-60　1PH5系列交流主轴电动机

主轴驱动目前主要有两种形式：一是主轴电动机带动齿轮换挡变速，以增加大传动比，放大主轴功率，满足切屑加工需要；二是主轴电动机通过同步齿轮带或皮带驱动主轴，该类主轴电动机又称为宽域电动机或强切屑电动机，具有恒功率宽、调速比大等特点。采用强切屑电动机后，由于无需机械调速，主轴箱内省去了齿轮和离合器，主轴箱实际上成了主轴支架，简化了主传动系统。

目前，电主轴在数控机床的主轴驱动中得到了越来越多的应用。所谓电主轴，就是将主轴和主轴电动机合为一体，电动机转子轴本身就是主轴，这样进一步简化了机床结构，提高了主轴的传动精度。

四、数控机床电机的保养与维护

电机保养流程：清洗定转子→更换碳刷或其他零部件→真空F级压力浸漆→烘干→校动平衡。

数控机床电机的维护如下：

(1) 使用环境应保持干燥，电动机表面应保持清洁，进风口不应受尘土、纤维等阻碍。

(2) 当电动机的热保护连续发生动作时，应查明故障来自电动机还是超负荷或保护装置整定值太低，消除故障后，方可投入运行。

(3) 应保证电动机在运行过程中有良好的润滑。一般的电动机运行 5000 小时左右，即应补充或更换润滑脂，运行中发现轴承过热或润滑变质时，应及时更换润滑脂。更换润滑脂时，应清除旧的润滑油，并用汽油洗净轴承及轴承盖的油槽，然后将 ZL-3 锂基脂填充轴承内外圈之间的空腔的 1/2(对 2 极)或 2/3(对 4、6、8 极)。

(4) 当轴承的寿命终了时，电动机运行的振动及噪声将明显增大，检查轴承的径向间隙，达到边界值时，即应更换轴承。

(5) 拆卸电动机时，可从轴伸端或非轴伸端取出转子。如果没有必要卸下风扇，还是从非轴伸端取出转子较为便利。从定子中抽出转子时，应防止损坏定子绕组或绝缘。

(6) 更换绕组时必须记下原绕组的形式、尺寸及匝数、线规等，当遗失了这些数据时，应向制造厂索取，随意更改原设计绕组，常常使电动机某项或几项性能恶化，甚至于无法使用。

五、数控机床电机的故障诊断与处理

★ 案例 1：

【数控机床电机的故障现象】 CONQEST-42 型数控机床在工作中时，冷却电机经常过热，引起热继电器动作，主轴驱动器的接触器线圈多次烧毁。

【诊断过程】

(1) 冷却电动机的额定电流是 2.4 A，将热继电器整定值调到 2.6 A 后，工作一段时间，仍然跳闸。

(2) 仔细观看冷却电动机铭牌，是日本产品，额定电压是 200 V/50 Hz 或(200−230) V/60 Hz，而我国是 220 V/50 Hz，与我国不符。

【解决办法】 增加一只电源变压器，使其二次侧电压为 200 V；或者用一台容量适当的调压器，将 220 V 电源降至 200 V，供给机床相关部分使用。

★ 案例 2：

【数控机床电机的故障现象】 JIBNC-320A 型中速和高速进给时，步进电机失步，有时直接停止运转。

【诊断过程】

(1) 先观察进给脉冲指示灯，已经循环点亮。检查步进电动机的滑板传动系统，灵活无阻塞。怀疑步进电动机的功放电路不正常。

(2) 检查功放电源，它是由高压与低压复合供电。进给时先由高压部分供电，以得到较大的启动力矩，然后由低压部分接替，提供持续电源。使用万用表检测，高压直流电源为 0 V。最后查明故障是高压部分的电源熔丝熔断。

【解决办法】 换上同规格的熔丝后，故障得以排除。

★ 案例 3：

【数控机床电机的故障现象】 N084/39 型数控车床，Z 轴的尺寸不稳定，负方向的误差越来越大，从而造成工件报废。

【诊断过程】

(1) 检查车床的主轴，运转很平稳，变挡装置换挡准确无误。电动刀架没有松动、摇晃和定位不准的现象。

(2) 检查数控程序和加工参数，没有问题。对有关参数进行调整，也不能排除故障。

(3) 在断电的情况下，对电气电路和元器件进行检查，插头和插座连接牢固，元器件、主电路电缆、信号导线都完好无损。

(4) 通电后进行测量，交流电源和各部分直流电压都正常。电气控制柜内没有异常的气味和冒烟、打火等情况。

(5) 试更换伺服驱动器，还是不起作用。怀疑伺服电机不正常。

【解决办法】　试更换伺服电机后，故障排除。

★ 案例 4：

【数控机床电机的故障现象】　NC40-1 数控车床车孔的尺寸时大时小，经常超出 0.015 mm 的公差范围，造成工件报废。

【诊断过程】

(1) 这台机床的进给轴采用半封闭控制的直流伺服系统。根据常规经验，如果丝杠移动的距离与指令值有较大的误差，系统就会出现 #23、#24 报警，提示"跟踪误差过大"，但是这次没有出现报警。

(2) 检查滚珠丝杠的轴承和珠粒，不存在任何问题。用百分表检测丝杠，发现有 0.1 mm 的间隙，用系统参数进行补偿，也无济于事。再用百分表检测进给量，发现在电动机改变转向时，百分表的指针不能摆动到相应的刻度上。

(3) 怀疑伺服电机不正常。试换电动机后再次进行测量，在电动机改变转向时，百分表可以摆动到相应的刻度。拆开原来电动机进行检查，发现编码器内部有不少的细小切屑。

【解决办法】　清除切屑后，装上原来电动机试机，机床恢复正常工作。

【知识梳理】

数控机床各执行电机的检查维护
- 步进电动机
  - 步进电动机的分类及基本结构
  - 反应式步进电机的工作原理
  - 步进电机的主要特性
- 伺服电动机
  - 直流伺服电动机
  - 交流伺服电动机
- 主轴电动机
- 数控机床电机的保养与维护
- 数控机床电机的故障诊断与处理

【学后评量】

1. 数控机床执行电动机有哪些种类？

2. 步进电机的主要特性有哪些？

3. 直流主轴电动机有什么特点？

各单元学后评量参考答案

第 一 单 元

⊠ **课题一**

1. 数控机床，全称为数字控制机床，英文名称为 computer numerical control machine tools，是一种装有程序控制系统的自动化机床，该系统能够逻辑地处理具有使用号码或其他符号的编码指令(刀具移动轨迹信息)规定的程序。具体地讲，就是把数字化了的刀具移动轨迹的信息输入到数控装置，经过译码、运算，实现控制刀具与工件相对运动，加工出所需要的零件的机床。

2. 数控机床的工作原理就是按照零件加工的几何信息和工艺信息，编写零件的加工程序，然后将加工程序由输入部分送入到数控装置，通过数控装置的处理、运算，将各坐标轴的分量送到各轴的驱动电路，经过转换、放大驱动电动机，带动各轴运动，并进行反馈控制，控制机床的主轴运动、进给运动、更换刀具，以及工件的夹紧与松开，冷却、润滑泵的开与关，使刀具、工件和其他辅助装置严格按照加工程序规定的顺序、轨迹和参数进行工作，从而加工出符合图纸要求的零件。

3. 数控机床的结构主要由控制介质、数控装置、伺服系统与位置检测装置、强电控制柜及机床本体六个部分组成。

4. 数控机床上常用的检测装置主要有脉冲编码器、感应同步器、旋转变压器、光栅和磁尺等。

5. 一般通过下列方法分类：

(1) 按数控系统的功能水平分类，有：① 经济型数控系统，如经济型数控线切割机床、数控钻床、数控车床、数控铣床及数控磨床等；② 普及型数控系统，又称全功能数控机床，如 CK71 系列；③ 高档型数控系统，具有 5 轴以上的数控铣床，大、中型数控机床，五面加工中心，车削中心和柔性加工单元。

(2) 按机床运动的控制轨迹分类，有：① 点位控制的数控机床；② 直线控制的数控机床；③ 轮廓控制的数控机床。

(3) 按伺服控制方式分类，有：① 开环控制数控机床；② 全闭环控制数控机床；

③ 半闭环控制数控机床。

(4) 按控制坐标的轴数分类，有：① 二轴联动；② 二轴半联动；③ 三轴联动；④ 四轴联动；⑤ 五轴联动；⑥ 七轴联动。

(5) 按加工工艺及机床用途的类型分类，有：① 金属切削类数控机床，采用车、铣、镗、铰、钻、磨、刨等各种切削工艺的数控机床；② 金属成型类数控机床，采用挤、冲、压、拉等成形工艺的数控机床；③ 特种加工类数控机床，有数控电火花切割机、数控电火花成形机、数控火焰切割机、数控激光加工机等；④ 其他类数控机床，主要有自动装配机、三坐标测量机、数控绘图机和工业机器人。

6. 具体的结构性能特点如下：

(1) 主传动系统采用高性能主传动及主轴部件。具有刚度高、抗振性好、传递功率大以及热变传动精度高等特点。

(2) 主传动的变速、主轴正反转、启停与制动均是靠直接制动电机来实现的，这种电动机是将主电动机直接与主轴连接，带动主轴转动，大大简化了主轴箱体结构，有效提高了主轴刚度，扩大了恒功率调速范围。但主电动机的发热对主轴精度的影响较大。

(3) 进给传动采用滚珠丝杠副、直线滚动副等高效传动件。一般具有传动链短、结构简单、传动精度高等特点。

(4) 具有完善的刀具自动交换和管理系统，可以自动选择不同的刀具进行工件各面的加工。

(5) 具有工件自动交换、工件夹紧与放松机构，如在加工中心类机床上采用工作台自动交换机构。

(6) 数控机床机架具有很高的动静刚度。

(7) 数控机床安全性好，一般都是采用移动门的全封闭罩壳，对加工部件进行全封闭。

⊠ 课题二

1. 一般有如下要求：

(1) 操作人员必须通过安全和专业技术培训，合格后才能操作机床。

(2) 操作者必须遵守数控机床安全操作规程。

(3) 不同的设备选择不同的操作、维护和保养方法。

(4) 根据不同的机床，选择不同牌号的润滑油。

(5) 机床附近留有足够的空间，并保持地面清洁。

(6) 操作者必须仔细阅读使用说明书及其他资料，确保操作、生产过程的正确性。

(7) 操作者应熟记急停钮位置，以便随时迅速地按下该按钮。

(8) 不要随便改变机床参数或其他已设定好的电气数据。

(9) 机床应该可靠接地，可靠接地能有效防止电击危险。

(10) 机床上的保险和安全防护装置不得随便更改和拆除。

2. (1) 工作结束后必须将主轴上的刀具还回刀库，并将主轴锥孔和各刀柄擦净，防止有存留的切屑影响刀具与主轴的配合质量及刀具的旋转精度。

(2) 工作结束后应及时清理残留切屑并擦拭机床，金属切除量大时要随时利用工作间隙清理切削。

(3) 操作人员每天下班时应提前 15 分钟做好机床周围地面卫生清洁，清理工作台面、导轨、防护罩；当润滑油和冷却液不足时，应及时添加或更换。

(4) 将工作台、主轴停在合适的位置。

(5) 对机床附件、量具、刀具进行清理，按规定存放，工件按定置管理要求摆放。

(6) 关机时应顺序关断控制器上的电源开关、机床主电路开关、车间电源开关。

3. 检修时应注意以下事项：

(1) 机床出现故障需要拆卸维修保养时，要填写设备维修申请单，征得领导的批准后才能进行维修。

(2) 机床维修必须由专业人员进行。

(3) 电器控制柜不得随便打开，检修时应关掉总电源，但断开电源后，电控柜内还残留很高的电压，应等待 5~10 分钟后再进行检修，并悬挂"正在检查，禁止送电"的警告标志。

(4) 电器控制柜的控制线路和控制开关不得随意更改。

(5) 检修中使用的仪器必须经过校准。

(6) 检修中拆下的零件(元件)应在原地以相同的新零件(元件)进行更换，并尽可能使用原有规格的螺钉进行固定。

(7) 机床通过检修后必须按常规进行验证，验证合格后才能交付使用。

4. 数控机床不宜长期封存不用，购买数控机床以后要充分利用起来，尽量提高机床的利用率，尤其是投入的第一年，更要充分地利用，使其容易出现故障的薄弱环节尽早暴露出来，使故障的隐患尽可能在保修期内得以排除。数控机床不用，反而会由于受潮等原因加快电子元件的变质或损坏，如数控机床长期不用时要长期通电，并进行机床功能试验程序的完整运行。要求每 1~3 周通电试运行 1 次，尤其是在环境湿度较大的梅雨季节，应增加通电次数，每次空运行 1 小时左右，以利用机床本身的发热来降低机内湿度，使电子元件不致受潮。同时，也能及时发现有无电池报警现象，以防系统软件、参数的丢失等。

第 二 单 元

⊠ 课题一

1. 数控机床的机械部分通常被称为机床本体，它由主运动系统、进给系统、支撑系统和自动换刀系统所组成。

2. 数控机床机械结构的主要特点有：(1) 高静、动刚度；(2) 良好的抗震性；(3) 高灵敏度；(4) 热变形小；(5) 高精度保持性和高可靠性。

3. 无损探伤是在不损坏检测对象的前提下，探测其内部或外表的缺陷(伤痕)的现代检测技术。在工业生产中，许多重要设备的原材料、零部件、焊缝等必须进行必要的无损探伤，当确认其内部或表面不存在危险性或非允许缺陷时，才可以使用或运行。这种方法在数控机床的制造及其机械故障的诊断中也需要应用。

4. 数控机床机械故障的分类如下：

标　准	分　类	说　明
故障发生的原因	磨损性故障	正常磨损而引发的故障，对这类故障形式，一般只进行寿命预测
	错用行故障	使用不当而引发的故障
	先天性故障	由于设计或制造不当而造成机械系统中存在某些薄弱环节而引发的故障
故障的性质	间断性故障	只是短期内丧失某些功能，稍加修理调试就能恢复，不需要更换零件
	永久性故障	某些零件已损坏，需要更换或修理才能恢复
故障发生后的影响程度	部分性故障	功能部分丧失的故障
	完全性故障	功能完全丧失的故障
故障造成的后果	危害性故障	会对人身、生产和环境造成危险或危害的故障
	安全性故障	不会对人身、生产和环境造成危险或危害的故障
故障发生的快慢	突发性故障	不能靠早期测试检测出来的故障。对这类故障只能进行预防
	渐发性故障	故障的发展有一个过程，因而可对其进行预测和监视
故障发生的频次	偶发性故障	发生频率很低的故障
	多发性故障	经常发生的故障
故障发生、发展规律	随机性故障	故障发生的时间是随机的
	有规则故障	故障发生比较有规则

5. 自己找出实际生产中遇到的问题，并根据所学知识进行总结。

⊠ 课题二

1. (1) 油气润滑方式；(2) 喷油润滑方式。

　　润滑是为了保证主轴有良好的润滑，减少摩擦发热，同时又能把主轴部件的热量带走；减少轴承的温升，减少轴承内外圈的温差，以保证主轴的热变形较小。

2. 每年更换一次主轴润滑恒温油箱中的润滑油，并清洗过滤器。

3. (1) 主轴部件动平衡不好。
　(2) 齿轮啮合间隙不均或严重损伤。
　(3) 带传动长度不够或过松。

　　(4) 齿轮精度差。

　　(5) 润滑不良。

4．(1) 夹刀碟形弹簧位移量较小或拉刀液压缸动作不到位。

　　(2) 刀具松夹弹簧上的螺母松动。

　　(3) 变挡液压缸拨叉脱落。

5．(1) 熟悉数控机床主传动链的结构和性能参数，严禁超性能使用。

　　(2) 主传动链出现不正常现象时，应立即停机排除故障。

　　(3) 操作者应注意主轴箱温度，检查主轴润滑恒温油箱，调节温度范围，使油量充足。

　　(4) 使用带传动的主轴系统时，需定期观察调整主轴驱动皮带的松紧程度，防止因皮带打滑出现丢转现象。

6.

(1) 切削振动大，产生的原因有 ⎰ 主轴箱和床身连接螺钉松动
　　　　　　　　　　　　　　⎨ 主轴与箱体精度超差
　　　　　　　　　　　　　　⎩ 转塔刀架运动部位松动或压力不够

(2) 主轴箱噪声大，产生的原因有 ⎧ 主轴部件动平衡不好
　　　　　　　　　　　　　　　⎪ 齿轮啮合间隙不均或严重损伤
　　　　　　　　　　　　　　　⎨ 带传动长度不够或过松
　　　　　　　　　　　　　　　⎪ 齿轮精度差
　　　　　　　　　　　　　　　⎩ 润滑不良

(3) 主轴无变速，产生的原因有 ⎧ 压力不够
　　　　　　　　　　　　　　⎪ 变挡液压缸研损或卡死
　　　　　　　　　　　　　　⎪ 变挡电磁阀卡死
　　　　　　　　　　　　　　⎨ 变挡液压缸窜油或内泄
　　　　　　　　　　　　　　⎪ 变挡复合开关失灵
　　　　　　　　　　　　　　⎩ 保护开关没有压合或失灵

(4) 主轴不转动，产生的原因有 ⎧ 主轴与电动机连接带过松
　　　　　　　　　　　　　　⎪ 主轴拉杆未拉紧夹持刀具的拉钉
　　　　　　　　　　　　　　⎨ 卡盘未夹紧工件
　　　　　　　　　　　　　　⎪ 变挡复合开关损坏
　　　　　　　　　　　　　　⎩ 变挡电磁阀体内泄漏

(5) 主轴发热，产生的原因有 ⎰ 润滑油混有杂质
　　　　　　　　　　　　　⎩ 冷却润滑油不足

(6) 刀具夹不紧，产生的原因有 ⎰ 夹刀碟形弹簧位移量较小或拉刀液压缸动作不到位
　　　　　　　　　　　　　　⎩ 刀具松夹弹簧上的螺母松动

(7) 刀具夹紧后不能松开，产生的原因有 ⎰ 松刀弹簧压合过紧
　　　　　　　　　　　　　　　　　⎩ 液压缸压力和行程不够

7．编码器与主轴的连接部分间隙过大使旋转不同步，调整间隙到指定值即可。

⊠ **课题三**

1. 斗笠式刀库，圆盘式刀库，链条式刀库，格子盒式刀库。

2. 自动换刀装置的数控机床一次装夹工件可以使用多把刀具加工，从而避免工件多次装夹带来的误差，并减少多次装夹的停机时间，提高了生产率和机床利用率。

3. 回转刀架换刀，更换主轴头换刀，带刀库的自动换刀系统。

4. 刀具超重，机械手卡紧销损坏。

5. 风泵气压不足，增压漏气，刀具卡紧液压缸漏油，刀具松卡弹簧上的螺母松动。

6. 松锁刀的弹簧压力过紧。

7. (1) 严禁把超重、超长的刀具装入刀库，防止在机械手换刀时掉刀或刀具与工件、夹具等发生碰撞。

   (2) 采用顺序选刀方式时，必须注意刀具放置在刀库中的顺序要正确，采用其他选刀方式时，也要注意所换刀具是否与所需刀具一致，防止换错刀具导致事故发生。

   (3) 用手动方式往刀库上装刀时，要确保装到位，装牢靠，并检查刀座上的锁紧装置是否可靠。

   (4) 经常检查刀库的回零位置是否正确，检查机床主轴回换刀点位置是否到位，发现问题要及时调整，否则不能完成换刀动作。

   (5) 要注意保持刀具刀柄和刀套的清洁。

   (6) 开机时，应先使刀库和机械手空运行，检查各部分工作是否正常，特别是行程开关和电磁阀能否正常动作。检查机械手液压系统的压力是否正常，刀具在机械手上锁紧是否可靠，发现不正常时应及时处理。

8. (1) 刀库运动故障。

   (2) 定位误差过大。

   (3) 机械手夹持刀柄不稳定。

   (4) 机械动作误差过大等。

⊠ **课题四**

1. 滚珠丝杠螺母副的结构有内循环和外循环两种方式。图 2-24 所示为外循环方式的滚珠丝杠螺母副结构，它由丝杠 1、滚珠 2、回珠管 3 和螺母 4 组成。在丝杠 1 和螺母 4 上各加工有圆弧形螺旋槽，将它们套装起来便形成了螺旋形滚道，在滚道内装满滚珠 2。

2. 在丝杠和螺母上都有圆弧形螺旋槽，将它们对合起来就形成了螺旋滚道。在滚道内装有滚珠，当丝杠与螺母相对运动时，滚珠沿螺旋槽向前滚动，在丝杠上滚过数圈以后通过回程引导装置又逐个地滚回到丝杠和螺母之间，构成一个闭合回路。

3. (1) 垫片调整间隙法；

   (2) 齿差调整间隙法；

   (3) 螺纹调整间隙法。

4. (1) 变位导程式；

(2) 钢球增大式；

(3) 单螺母螺钉预紧消隙。

5. 滚珠丝杠润滑不良可同时引起数控机床多种进给运动的误差，因此，滚珠丝杠润滑是维护的主要内容。

使用润滑剂可提高滚珠丝杠耐磨性及传动效率。润滑剂可分为润滑油和润滑脂两大类。

润滑油一般为全损耗系统用油，润滑脂可采用锂基润滑脂。润滑脂一般加在螺纹滚道和安装螺母的壳体空间内，而润滑油则经过壳体上的油孔注入螺母的空间内。每半年对滚珠丝杠上的润滑脂更换一次，清洗丝杠上的旧润滑脂，涂上新的润滑脂。用润滑油润滑的滚珠丝杠副可在每次机床工作前加油一次。

⊠ 课题五

1. 机床导轨有哪几种类型？对数控导轨有哪些要求？

数控机床使用的导轨主要有 3 种：贴塑滑动导轨、滚动导轨和静压导轨。

(1) 贴塑滑动导轨是在两个金属滑动面之间粘贴了一层特制的复合工程塑料带，这样将导轨的金属与金属的摩擦副改变为金属与塑料的摩擦副，因而改变了数控机床导轨的摩擦特性。

(2) 滚动导轨有多种形式，目前数控机床常用的滚动导轨为直线滚动导轨。当滑块与导轨体相对移动时，滚动体在导轨体和滑块之间的圆弧直槽内滚动，并通过端盖内的滚道，从工作负荷区滚动到非工作负荷区，然后再滚动回工作负荷区，不断循环，从而把导轨体和滑块之间的移动变成滚动体的滚动。

(3) 静压导轨是将具有一定压力的油液经节流器输送到导轨面的油腔，形成承载油膜，将相互接触的金属表面隔开，实现液体摩擦。这种导轨的摩擦系数小(约为 0.0005)，机械效率高；由于导轨面间有一层油膜，吸振性好；导轨面不相互接触，不会磨损，寿命长，而且在低速下运行也不易产生爬行。但是静压导轨结构复杂，制造成本较高，一般用于大型或重型机床。

2. 直线导轨有何特点？

(1) 摩擦系数小(0.003～0.005)，运动灵活。

(2) 动、静摩擦系数基本相同，因而启动阻力小，而且不易产生爬行。

(3) 可以预紧，刚度高；寿命长，精度高，润滑方便。

3. 滚动导轨的预紧方法有哪些？各有何特点？

滚动导轨常见的预紧方法有以下两种：

(1) 采用过盈配合。预紧载荷大于外载荷，预紧力产生过盈量为 2～3μm，过大会使牵引力增加。若运动部件较重，其重力可起预紧载荷作用；若刚度满足要求，可不施加预紧载荷。客户订货时如果对预紧载荷的大小提出要求，应由导轨制造厂商解决。

(2) 调整法。利用螺钉、斜块或偏心轮调整来进行预紧。

4. 导轨副维护的内容有哪些？

(1) 间隙调整；

(2) 滚动导轨的预紧；

(3) 导轨的润滑；

(4) 导轨的防护。

5. 常见导轨副的故障有哪些？如何诊断排除？

    (1) 导轨研伤。定期进行床身导轨的水平调整，或修复导轨精度；注意合理分布短工件的安装位置，避免负荷过分集中；调整导轨润滑油量，保证润滑油压力；采用电镀加热自冷淬火对导轨进行处理；导轨上增加锌铝铜合金板，以改善摩擦情况；提高刮研修复的质量；加强机床保养，保护好导轨防护装置等。

    (2) 导轨上移动部件运动不良或不能移动。用 180# 砂布修磨机床导轨面上的研伤；卸下压板，调整压板与导轨间隙；松开镶条止退螺钉，调整镶条螺栓，使运动部件运动灵活，保证 0.03 mm 塞尺不得塞人，然后锁紧止退螺钉。

    (3) 加工面在接刀处不平。调整或修刮导轨，允差为 0.015/500；调整塞铁间隙，塞铁弯度在自然状态下小于 0.05 mm/全长；调整机床安装水平，保证平行度、垂直度在 0.02/1000 之内。

⊠ 课题六

1. 液压传动系统的组成部分及各部分的作用是什么？

液压和气压传动系统一般由以下五个部分组成：

    (1) 动力装置。动力装置是将原动机的机械能转换成传动介质的压力能的装置。

    (2) 执行装置。执行装置用于连接工作部件，将工作介质的压力能转换为工作部件的机械能。常见的执行装置有液压缸和气压缸及进行回转运动的液压电机、气压电机等。

    (3) 控制与调节装置。控制与调节装置是用于控制和调节系统中工作介质的压力、流量和流动方向，从而控制执行元件的作用力、运动速度和运动方向的装置，同时也可以用来卸载或实现过载保护等。

    (4) 辅助装置。辅助装置是对过载介质起到容纳、净化、润滑、消声和实现元件之间连接等作用的装置。

2. 液压传动的主要优缺点有哪些？

优点包括：

    (1) 易于实现无级调速，且可实现大范围调速，一般可达到 100∶1～2000∶1 的传动比。

    (2) 单位功率的传动装置重量轻、体积小、结构紧凑。

    (3) 惯性小、反应快、冲击小、工作平稳。

    (4) 易控制、易调节、操纵方便，易于与电气控制相结合。

    (5) 液压传动具有自润滑、自冷却作用。

    (6) 液压元器件易于实现"三化"(系列化、标准化、通用化)。

缺点包括：

    (1) 液压传动有一定泄漏现象，易造成环境污染和资源浪费。

(2) 对油温和负载的变化比较敏感，不易在高温或低温下工作。

(3) 要求元件制造精度高，且易受油液的污染度影响 。

3. 简述 MJ-50 数控车床液压传动系统。

MJ-50 数控车床由液压系统驱动的部分，主要包括车床卡盘的夹紧与松开、卡盘夹紧力的高低压转换、回转刀架的松开与夹紧、刀架刀盘的正转及反转、尾座套筒的伸出与退回等。液压系统中各电磁铁的动作由数控系统的 PLC 控制实现。

4. 液压传动系统维护的内容有哪些？

(1) 控制油液污染，保持油液清洁；

(2) 控制液压系统油液的温升；

(3) 控制液压系统的泄漏；

(4) 防止液压系统振动与噪声；

(5) 严格执行日常检查制度；

(6) 严格执行定期紧固、清洗、过滤和更换制度。

5. 导致液压泵不供油或流量不足的因素有哪些？

(1) 液压泵转速太低，叶片不肯甩出；

(2) 液压泵转向相反；

(3) 油的黏度过高，使叶片运动不灵活；

(4) 油量不足，吸油管露出油面吸入空气；

(5) 吸油管堵塞；

(6) 进油口漏气；

(7) 叶片在转子槽内卡死。

6. 液压传动系统常见的故障有哪些？

(1) 液压泵不供油或流量不足；

(2) 液压泵有异常噪声或压力下降；

(3) 液压泵发热、油温过高；

(4) 尾座顶不紧或不运动；

(5) 导轨润滑不良；

(6) 滚珠丝杠润滑不良。

⊠ 课题七

1. 气压传动系统有何特点？

优点：

(1) 由于其工作介质为空气，故其来源丰富、方便、成本低廉。

(2) 较好的工作环境适应性。

(3) 空气黏度很小，能量损失较小，节能、高效。

(4) 气压传动反应灵敏、动作迅速、易维护和调节。

(5) 气动元件结构简单，制造工艺性较好，制造成本低，使用寿命长。

缺点：

(1) 由于空气具有可压缩性，故在载荷变化时其运动平稳性稍差。

(2) 其工作压力不高。

(3) 具有较大的排气噪声(可达 100dB 以上)。

(4) 空气无自润滑作用。

2. 简述 H400 型卧式加工中心气压传动系统。

H400 型卧式加工中心气压传动系统要求提供额定压力为 0.7 MPa 的压缩空气。压缩空气通过直径为 8 mm 的管道连接到气压传动系统调压、过滤、油雾气压传动三联件 ST 上，从而得以干燥、洁净并被加入适当润滑用油雾，然后提供给后面的执行机构使用，以保证整个气动系统的稳定安全运行，避免或减少因执行部件、控制部件磨损而使寿命降低。YK1 为压力开关，该元件在气压传动系统达到额定压力时发出电参量开关信号，通知机床气压传动系统正常工作。在该系统中为了减小载荷的变化对系统的工作稳定性的影响，在设计气压传动系统时均采用单向出口节流的方法调节气缸的运行速度。该系统主要由松刀气缸支路、交换台托升支路、工作台拉紧支路、鞍座定位与锁紧支路和刀库移动支路组成。

3. 气压传动系统维护的内容有哪些？

　　(1) 保证供给洁净的压缩空气；

　　(2) 保证空气中含有适量的润滑油

　　(3) 保证气动系统的密封性；

　　(4) 保证气动元件中运动零件的灵敏性；

　　(5) 保证气动装置具有合适的工作压力和运动速度。

4. 导致压缩空气中含水量高的因素有哪些？

　　(1) 储气罐、过滤器冷凝水存积；

　　(2) 后冷却器选型不当；

　　(3) 空压机进气管的进气口设计不当；

　　(4) 空压机润滑油选择不当；

　　(5) 季节影响。

5. 气压传动系统常见的故障有哪些？

　　(1) 系统没有气压；

　　(2) 气压不足；

　　(3) 系统出现异常高压；

　　(4) 油泥太多；

　　(5) 气缸不动作、动作卡滞、爬行；

　　(6) 压缩空气中含水量高。

第 三 单 元

⊠ 课题一

1. 160/180TC 用于车床、圆柱磨床的开放式 CNC 系统。

2. 回答要点：国产系统一般性价比较高，价格相对国外低廉，且维修成本低，大多数系统仿照 FANUC 编写。

缺点：稳定性相对于国外同类型机床略差。

3. 西门子系统与 FANUC 系统在国际市场平分秋色，一般欧洲企业较多使用西门子系统，而在日美企业中 FANUC 使用较多。西门子系统操作方面要比 FANUC 系统更加人性化，更易上手，但性价比不如 FANUC。编程方面，大多数编程指令相同，FANUC 和西门子有各自的循环和特色指令，另外其他系统一般都仿照 FANUC 的系统指令，所以在国内高校和职业院校中，FANUC 机床占比要略高于西门子和华中数控。西门子系统相对比较人性化，FANUC 编程比较通用，可在其他系统机床上使用，尤其是国内数控机床。

4. 略

⊠ 课题二

1. (1) 每日检查。由操作人员结合日常保养工作进行检查，以便及时发现异常现象。

 (2) 定期检查。由专职人员定期进行全面技术检查，如数控机床在两次修理之间进行的中间技术检查，以掌握数控机床的磨损状况和技术状况。

 (3) 修前检查。对即将着手修理的数控机床需进行一次全面性检查，目的是确定本次具体的修理内容和工作量。

2. (1) 严格遵守操作规程和日常维护制度。

 (2) 应尽量少开数控柜和强电柜的门。

 (3) 定时清扫数控柜的散热通风系统。

 (4) 数控系统的输入/输出装置的定期维护。

 (5) 定期检查和更换直流电动机电刷。

 (6) 经常监视数控系统的电网电压。

 (7) 定期更换存储器用电池。

 (8) 数控系统长期不用时的维护。

 (9) 备用电路板的维护。

 (10) 做好维修前的准备工作。

3. FANUC 设备数控柜图如附图 1 所示，各接口定义如附图 2 所示。

附图 1　FANUC 设备数控柜图

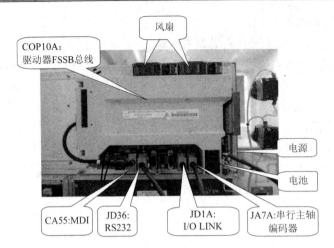

附图 2 FANUC 控制单元

4. 空气开关：当线路发生一般性过载时，过载电流虽不能使电磁脱扣器动作，但能使热元件产生一定热量，促使双金属片受热向上弯曲，推动杠杆使搭钩与锁扣脱开，将主触头分断，切断电源。当线路发生短路或严重过载电流时，短路电流超过瞬时脱扣整定电流值，电磁脱扣器产生足够大的吸力，将衔铁吸合并撞击杠杆，使搭钩绕转轴座向上转动与锁扣脱开，锁扣在反力弹簧的作用下将三副主触头分断，切断电源。

以下略(列举一个即可)

5. 开关电源的检测可分两步进行：

   (1) 断电情况下，"看、闻、问、量"。

      看：打开电源的外壳，检查保险丝是否熔断，再观察电源的内部情况，如果发现电源的 PCB 板上有烧焦处或元件破裂，则应重点检查此处元件及相关电路元件。

      闻：闻一下电源内部是否有焦糊味，检查是否有烧焦的元器件。

      问：问一下电源损坏的经过，是否对电源进行违规操作。

      量：没通电前，用万用表量一下高压电容两端的电压。如果是开关电源不起振或开关管开路引起的故障，则大多数情况下，高压滤波电容两端的电压未泄放掉，此处电压有 300 多伏，需小心。用万用表测量 AC 电源线两端的正反向电阻及电容器充电情况，电阻值不应过低，否则电源内部可能存在短路。电容器应能充放电。脱开负载，分别测量各组输出端的对地电阻，正常时，表针应有电容器充放电摆动，最后指示的应为该路的泄放电阻的阻值。

   (2) 加电检测。通电后观察电源是否有烧保险及个别元件冒烟的现象，若有要及时切断供电进行检修。

⊠ 课题三

1. 风扇拆装步骤如下：

   (1) 更换风扇电机时，务必切断机床(CNC)的电源。

   (2) 拉出要更换的风扇电机(抓住风扇单元的闩锁部分，一边拆除壳体上附带的卡爪一边将其向上拉出)，如图 3-18 所示。

(3) 安装新的风扇单元(推压新的风扇单元，直到风扇单元的卡爪进入壳体)，如图 3-19 所示。

2. 风扇的短期解决策略：一般风扇报警大多数为低级别的警告，不影响系统和设备继续运行，如工作过程中偶发报警，可停止工作一段时间后，再进行工作。对于急需完成的任务，可通过 PMC 修改报警内容，临时屏蔽相关报警，等完成任务后继续维修。

风扇故障的长期解决策略：应首先检测是电气还是机械故障。步骤如下：首先判断风扇电压是否稳定，风扇传感器是否工作正常，其次检查风扇是否转动正常，是否有迟滞现象，若确定为电气问题，应及时更换电路元器件，若确定为风扇问题，则应更换风扇。

风扇机械故障一般有两种，一种可直接购买更换，一种需要拆卸部件更换。对于可直接更换的应做好备件，对于需要拆卸部件的，应协同机械维修工进行吊装拆卸(如主轴风扇)。拆卸完成后应试运行 72 小时，保证牢固可靠才能消除相关报警。

3. 回答要点：

工作期间：(1) 检查和判断故障的出处；(2) 改变 PMC 参数屏蔽主轴电机过热报警。

工作间隙：(1) 备件电机风扇；(2) 拆卸主电机更换风扇；(3) 测量调整到位，

⊠ 课题四

1. (1) MDI 键盘的连接和维护。(2) 急停开关装置。(3) 手摇脉冲装置。(4) 通信接口。(5) 显示器。(6) 输入/输出单元。

功能和特点略。

2. (1) 手轮的硬件连接；(2) 手轮的地址分配；(3) 手轮功能操作调试。

① 确认以下参数：

参数 8131 = xxxx xxx1 (手轮功能允许)

参数 1434 = 4000.0 (手轮进给最大速度)

参数 7110 = 1 (手摇脉冲发生器台数)

参数 7113 = 100 (手轮进给倍率×m 倍)

参数 7114 = 0 (手轮进给倍率×n 倍)

参数 7117 = 0 (手轮进给时允许的累计脉冲量)

② 按下机床操作面板上的手轮方式键 ⟨◯⟩，选择手轮操作方式。

③ 按 X→Y→Z 键，选择手轮方式的进给轴。

④ 按下 ×1→×10→×100→×1000 键，选择手轮进给倍率。

⑤ 转动手摇脉冲发生器，在仅发出一个脉冲的情况下，确认动作。

⑥ 当选择手轮方式以外的运行方式时，确认手轮进给轴选择和倍率选择指示灯自动切断。

⑦ 快速摇动手轮，确认手轮进给的速度不会超过参数 1434 设定的最大速度。

3.

ISO 代码	0000#1	1
I/O 通道设定	0020#0	0
TV 检查与否	0100#1	1
EOB 输出格式	0100#2	1
EOB 输出格式	0100#3	0
停止位位数	0101#0	1
数据输出时 ASCII 码	0101#3	1
FEED 不输出	0101#7	1
使用 DC1～DC4	0102	0
波特率 9600	0103	11

4. 在日常生产生活中，I/O 故障分为两类，一类是 I/O 口的松脱，一类是参数通信连接错误。对于第一类错误，应及时查明是哪个 I/O 模块出现的问题，并在断电情况下尝试重新连接，如有端口损坏，应及时更换。对于第二类错误，应认真查询连接手册，仔细核对相关参数设定，经过核对可以实现基本故障的排除。

⊠ 课题五

1. 在 CNC 控制单元内安装锂电池的方法：
   (1) 准备电池单元(备货规格：A02B-0309-K102)。
   (2) 拉出 CNC 单元背面右下方的电池单元(抓住电池单元的闩锁部分，一边拆除壳体上附带的卡爪一边将其向上拉出)。
   (3) 安装上准备好的新电池单元(推压新电池单元，直到电池单元的卡爪进入壳体)。确认闩锁已经切实挂住。

2. 将 CNC 的 FROM/SRAM 中所保存的数据自动备份到 FROM 中，并根据需要加以恢复。由于电池耗尽等不测事态而导致 CNC 数据丢失时，可以简单恢复数据。通过参数设定，最多可以保存 3 次量的备份数据，可将 CNC 数据迅速切换到机床调整后的状态和任意的备份状态。
   手动备份是在人工干预下备份，一般存储在 PCMIA 转存 SD 卡中。

3.

数据类型	保存在	来源	备注	
CNC	参数	SRAM	机床厂家提供	必须保存
PMC	参数	SRAM	机床厂家提供	必须保存
梯形图程序	FROM	机床厂家提供	必须保存	
螺距误差补偿	SRAM	机床厂家提供	必须保存	
加工程序	SRAM	最终用户提供	根据需要保存	
宏程序	SRAM	机床厂家提供	必须保存	
宏编译程序	FROM	机床厂家提供	如果有保存	
C	执行程序	FROM	机床厂家提供	如果有保存
系统文件	FROM	FANUC	提供	不需要保存

4．略，主要是急停备份、开机备份等。

第 四 单 元

⊠ 课题一

1．概括地说，三相交流电源是三个单相交流电源按一定方式进行的组合，这三个单相交流电源的频率相同、最大值相等、相位彼此相差120°。
2．由三根相线和一根中性线所组成的输电方式叫做三相四线制(通常在低压配电中采用)；只由三根相线所组成的输电方式叫做三相三线制(在高压输电工程中采用)。

⊠ 课题二

1．低压电器是指使用在交流额定电压1200 V、直流额定电压1500 V及以下的电路中，根据外界施加的信号和要求，通过手动或自动方式，断续或连续地改变电路参数，以实现对电路或非电对象的切换、控制、检测、保护、变换和调节的电器。
　　常用的低压电器有接触器、继电器、断路器、熔断器、主令电器等。
2．低压断路器又称漏电开关、空气开关，它不但能用于正常工作时不频繁接通和断开的电路，而且当电路发生过载、短路或失压等故障时，能自动切断电路，有效地保护串接在它后面的电气设备。
3．交流接触器由以下四部分组成：
  (1) 电磁机构。电磁机构由线圈、动铁芯(衔铁)和静铁芯组成，其作用是将电磁能转换成机械能，产生电磁吸力带动触头动作。
  (2) 触头系统。包括主触头和辅助触头。主触头用于通断主电路，通常为三对常开触头。辅助触头用于控制电路，起电气联锁作用，故又称联锁触头，一般有常开、常闭各两对。
  (3) 灭弧装置。容量在10 A以上的接触器都有灭弧装置。对于小容量的接触器，常采用双断口触点灭弧、电动力灭弧、相间弧板隔弧及陶土灭弧罩灭弧。对于大容量的接触器，采用纵缝灭弧罩及栅片灭弧。
  (4) 其他部件。包括反作用弹簧、缓冲弹簧、触头压力弹簧、传动机构及外壳等。
　　　电磁式接触器的工作原理：线圈通电后，在铁芯中产生磁通及电磁吸力。此电磁吸力克服弹簧反力使得衔铁吸合，带动触头机构动作，常闭触头打开，常开触头闭合。线圈失电或线圈两端电压显著降低时，电磁吸力小于弹簧反力，使得衔铁释放，触头机构复位。
4．熔断器是一种应用广泛的简单有效的保护电器，在电路中用于过载与短路保护。具有结构简单、体积小、重量轻、使用维护方便、价格低廉等优点。熔断器的主体是低熔点金属丝或金属薄片制成的熔体，串联在被保护的电路中。在正常情况下，熔体相当于一根导线，当发生短路或过载时，电流很大，熔体因过热熔化而切断电路。
　　在选用熔断器时，应根据被保护电路的需要，首先确定熔断器的类型，然后选择熔体的规格，再根据熔体确定熔断器的规格。

熔断器的熔体与被保护的电路串联。

⊠ 课题三

1. 基本控制电路有点动控制电路、自锁控制电路、点动和自锁混合控制电路。
2. 电路工作原理：首先合上电源开关 QS，按下 SB，KM 线圈得电，KM 主触头闭合，电动机 M 启动运转，松开 SB，KM 线圈失电，KM 主触头分断，电动机 M 停转。原理图如附图 3 所示。

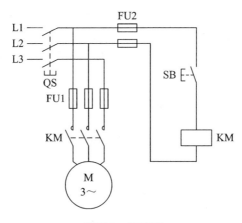

附图 3　原理图

3. 所谓按钮互锁，就是将复合按钮动合触头作为启动按钮，将其动断触头作为互锁触头串接在另一个接触器线圈支路中。这样，要使电动机改变转向，只要直接按反转按钮就可以了，而不必先按停止按钮，简化了操作。
4. 三相笼型异步电动机有直接相关启动和减压启动两种方式。
5. 常用的顺序控制电路有两种，一种是主电路的顺序控制，一种是控制电路的顺序控制。
6. 机械制动控制电路有制动控制电路、反接制动控制电路、能耗制动控制电路三种。

⊠ 课题四

1. 数控机床驱动电动机的常用种类如下：

2. 步进电机的主要特性有步距角和步距误差、静态矩角特性和最大静转矩、最大启动转矩、最大启动频率、连续运行频率、矩频特性与动态转矩、加减速特性。
3. 当采用直流电动机作为主轴电动机时，直流主轴电动机的主磁极不是永磁式，而是

采用铁芯加励磁绕组，以便进行调磁调速的恒功率控制。为改善磁场分布，有的主轴电动机在主磁极上除了励磁绕组外还有补偿绕组；为改善换向特性，主磁极之间还有换向极。直流主轴电动机的过载能力一般约为交流电动机的 1.5 倍。

参 考 文 献

[1]   严峻. 数控机床入门技术基础. 北京：机械工业出版社，2011.

[2]   潘海丽. 数控机床故障分析与维修. 西安：西安电子科技大学出版社，2008.

[3]   陈富安. 数控机床原理与编程. 西安：西安电子科技大学出版社，2008.

[4]   解乃军，仲高艳. 数控技术及应用. 北京：科学出版社，2014.

[5]   周世君. 数控机床电气故障诊断与维修实例. 北京：机械工业出版社，2013.

[6]   胡学明. 数控机床电气维修 1100 例. 北京：机械工业出版社，2011.

[7]   孙勋群. 数控机床电气维修笔记. 北京：机械工业出版社，2009.